2023

国际农业科技动态

◎贾　倩　张晓静　赵静娟　王爱玲　等　编译

中国农业科学技术出版社

图书在版编目(CIP)数据

2023国际农业科技动态 / 贾倩等编译. --北京：中国农业科学技术出版社，2024.11. --ISBN 978-7-5116-6721-2

Ⅰ. S-11

中国国家版本馆CIP数据核字第20254M3S02号

责任编辑 于建慧
责任校对 李向荣
责任印制 姜义伟 王思文

出 版 者 中国农业科学技术出版社
北京市中关村南大街12号 邮编：100081
电 话 (010) 82109708 (编辑室) (010) 82109702 (发行部)
(010) 82109709 (读者服务部)
网 址 https://castp.caas.cn
经 销 者 各地新华书店
印 刷 者 北京中科印刷有限公司
开 本 170 mm×240 mm 1/16
印 张 13.75
字 数 230千字
版 次 2024年11月第1版 2024年11月第1次印刷
定 价 80.00元

《2023国际农业科技动态》
编译人员

贾　倩　张晓静　赵静娟　王爱玲　龚　晶

串丽敏　颜志辉　齐世杰　秦晓婧　张　辉

李凌云　李　楠　祁　冉　邱会莹　姚　茹

前　言

农业是人类赖以生存的产业，科技是推动农业发展的决定性力量。本书作者单位北京市农林科学院推出了微信公众号“农科智库”，持续跟踪监测国内外知名农业网站的最新科技新闻报道，并从海量资讯中挑选高价值资讯，经研究人员编译之后，通过“农科智库”面向科技和管理人员进行推送，以期为科技人员获知相关农业学科或领域的研究动态提供及时、有效的帮助，同时为管理部门科学制定政策规划、项目指南提供智力支撑。

为进一步发挥资讯的参考价值，现将2023年“农科智库”平台发布的265条资讯进行归类整理，以飨读者。这些资讯既包括基因挖掘、基因编辑技术、植物育种、动物育种、资源环境、食品科学、智慧农业等学科，也涵盖了政策监管、规划项目、产业发展等领域。为方便读者查阅，本书对资讯进行了简单归类，归类以学科与领域相结合为原则，即尽可能按照学科进行分类，但又不完全依照学科或领域，若资讯内容涉及多个学科或领域，则归类到最靠近的学科或领域。

将资讯归类整理后，大致可以发现2023年国际农业科技研究热点主要集中在“基因挖掘”“植物育种”“动物育种”“资源环境”“产业发展”等方面；基因编辑技术、数字育种技术、替代蛋白、智慧农业领域成为近年来国际农业科技发展的新方向；此外，通过分析欧、美、英等农业科技发达国家（地区）的农业政策监管、规划项目、生物技术年度报告，从中也可以捕捉和探究全球农业领域的科技研发动向。

由于时间和水平有限，错误与疏漏之处在所难免，敬请广大读者批评指正。

作者

2024年9月于北京

目　录

基因挖掘

基因编辑技术

数字育种技术

植物育种

动物育种

资源环境

食品科学

智慧农业

政策监管

规划与项目

产业发展

生物技术年报

基因挖掘

白菜 T2T 基因组揭示着丝粒快速进化特征

在目前的研究中，白菜参考基因组（Chiifu v3.0）仍然存在几百个未组装的缺口，其 10 条染色体的着丝粒结构组装均不完整。近日，中国农业科学院蔬菜花卉研究所分子育种创新团队的一项研究获得了白菜接近完整组装的基因组，揭示白菜着丝粒的快速进化特征。研究成果 1 月 23 日在线发表于《植物生物技术杂志》（*Plant Biotechnology Journal*）。

该团队利用 ONT 和 Hi-C 等测序结合的组装策略，获得了白菜 T2T 基因组 Chiifu v4.0。该基因组包含 424.59 Mb 序列、12 条 contigs，其 Contig N50 值为 38.26 Mb，是目前最为完整的白菜类作物基因组。这项研究获得的白菜接近完整的 T2T 基因组，为着丝粒等高度重复结构的进化提供了新的见解。Chiifu v4.0 基因组为白菜功能基因组研究和下一步分子设计育种研究奠定了基础，也将推动其他芸薹属作物遗传育种研究的快速发展。

（来源：中国农业科学院网站）

中国科学院研究组解析大豆三维基因组遗传多样性

近期，中国科学院遗传与发育生物学研究所田志喜研究组通过大豆遗传多样性研究构建了泛三维基因组，揭示了大豆基因组、三维基因组和基因之间的内在联系。研究成果 2023 年 1 月 19 日在线发表于《基因组生物学》（*Genome Biology*）。

研究人员利用前期进行基因组重头组装的 27 个大豆种质材料，采用高通量染色质构象捕获技术，获得了高质量三维基因组数据。利用泛组学方法，构建了大豆泛三维基因组，并利用从基因组组装中获得的高质量结构变异数据，进一步探究了基因组结构变异与三维基因组变异之间的关系。这项研究还从多个水平验证了三维基因组和基因表达的相关性。此外，该研究还从作物驯化的角度，探究了野生种、地方品种和现代栽培品种中三维基因组的选择历程。研究表明，三维基因组的选择，主要发生在驯化阶段而非改良阶段，这种选择重塑了基因表达调控的信息，最终导致大豆驯化改良中的基因表达变化。这些研究为理解植物基因组进化提供了新途径，也为分子设计育种提供了宝贵资源。

（来源：中国科学院遗传与发育生物学研究所）

国际团队利用基因测序技术发现新的抗稻瘟病基因

由英国植物研究机构约翰英纳斯中心（John Innes）领导的一项国际合作研究使用R基因富集测序技术（AgRenSeq）发现了两个新基因，可保护小麦植株免受稻瘟病真菌病原体*Magnaporthe oryzae*的侵害。研究结果2月16日发表于《自然-植物》（*Nature Plants*）。

研究团队使用John Innes中心开发的基因发现技术AgRenSeq，从一组收集自世界各地、集合300多个小麦品系或地方品种的传统小麦种质资源和小麦野草近缘种中搜索适合的基因。为了鉴定抗性基因，研究人员用经过特殊修饰的稻瘟病病菌分离株测试种质资源中的幼苗和穗状花序，使用AgRenSeq识别在抗性植物中显示基因活性的基因组部分。鉴定出抗性基因候选物Rwt3可通过调节NLR基因来保护小麦免受稻瘟病侵害；研究还发现了另一个基因*Rwt4*，一种称为串联激酶的防御分子。研究表明，一种称为Pm24的*Rwt4*可以保护植物免受小麦另一种重要病害白粉病的侵害。温室试验证实*Rwt3*和*Rwt4*可以保护小麦免受稻瘟病侵害。该方法具有潜在的适应性，可以找到对病原体特定地理菌株做出反应的抗性基因，通过鉴定传统品种或野生近缘种中的抗性基因，并确保其存在于优秀品种中，以应对新出现的作物病害。

（来源：*Nature*）

国际团队解锁提高小麦抗旱性新基因

近日，一个由中国、美国、瑞典等国组成的国际科研小组发现，一组特定基因的正确拷贝数可以刺激更长的根系生长，使小麦植株更有效地汲取水分。该研究提供了修改小麦根系结构以提高缺水条件下小麦产量的新工具，研究结果于2月1日发表于《自然-通讯》(*Nature Communications*)。

这项研究发现，*OPRⅢ*基因家族以及这些基因的不同拷贝是影响根长的重要因素。*OPRⅢ*基因的复制会增加植物激素茉莉酸的产生，从而加速侧根的产生。研究人员使用CRISPR基因编辑技术消除了一些在根较短的小麦系中复制的*OPRⅢ*基因，获得更长的根。因此，微调*OPRⅢ*基因的剂量可以设计出适应干旱、正常条件和不同情况的根系。研究结果表明，*OPRⅢ*基因为小麦和其他谷物的根结构设计提供了一个有效的切入点。这意味着研究人员可以寻找具有这些自然变异的小麦品种，并培育出适合在干旱环境中种植的品种。

(来源：*Nature*)

玉米根部解剖转录因子发现有望加速玉米品种改良

美国宾夕法尼亚州立大学领导的国际研究小组报告了一项新发现，研究人员使用解剖表型分析法结合全基因组关联研究（GWAS），确定并验证了一个*bHLH*转录因子，该因子在调节根皮质通气组织的形成，是水和养分获取的重要表型。这种表型使根的代谢成本更低，使作物根系能够更好地从干燥、贫瘠的土壤中捕获更多的水分和养分。

这项研究利用宾夕法尼亚州立大学开发的遗传工具完成了高通量表型分析，在短时间内测量了数千根的特征。利用激光烧蚀断层扫描和解剖学管道(Anatomics Pipeline)等技术，以及GWAS研究，发现了导致玉米表达根皮质通气组织的一种“bHLH121转录因子”。研究人员使用CRISPR/Cas9基因编辑系统和基因敲除等基因操作方法创建了多个突变玉米品系，以显示转录因子与根皮质通气组织形成之间的因果关系。研究结果3月16日发表于《美国国家科学院院刊》(*PNAS*)。美国能源部、霍华德·G. 巴菲特基金会和美国农业部国家粮食与农业研究所支持了这项研究。

(来源：*Pennstate*、*PNAS*)

中国科研人员克隆玉米耐密抗倒关键基因

近日，中国农业科学院生物技术研究所与国内科研单位合作，成功克隆了玉米耐密抗倒关键基因，相关研究成果在线发表于《新植物学家》（*New Phytologist*）。

增加种植密度是提高玉米单产的有效途径，但密植会大大增加玉米的倒伏风险。一直以来，能真正实现密植条件下抗倒伏的关键基因资源匮乏，极大地限制了玉米的产量提升和机械化生产。该研究通过巧妙的实验设计挖掘出特异调控玉米根系构型的关键基因 *ZmYUC2* 和 *ZmYUC4*，证实了其在耐密抗倒育种中的应用潜力；首次开发出一种利用 X 射线和 CT 来获取玉米三维根系构型的方法，能在土壤中快速、无损地采集植物三维根系构型并实现可视化。该研究为培育耐密、抗倒、宜机收的玉米新品种提供了基因资源和基础指导。

（来源：中国农业科学院网站）

通过阻断一种抑制根系生长的基因来增强作物的抗旱性

中国农业大学、中国农业大学三亚研究所和海南省农业科学院的一项新研究发现，阻断根系发育的一个负调控基因（*RRS1*）会导致植物根系生长增强。*RRS1*（强壮根系 1）是一种新的基因资源，可以通过基因编辑或标记辅助育种过程改善根系和培育抗旱水稻品种。研究结果 3 月 8 日发表于《新植物学家》（*New Phytologist*）。

抑制 *RRS1* 的表达可以促进吸水来提高作物的抗旱性，这可以通过使用改变蛋白质活性的 *RRS1* 天然变体来实现。*RRS1* 编码一个 R2R3 型 MYB 家族转录因子，从而激活另一个抑制根系生长的基因（*OsIAA3*）的表达。研究结果表明，敲除植物中的 *RRS1* 可以增强植物的根系生长，使植物的主根系和侧根更长、侧根密度更大。

（来源：seedworld. com）

我国构建全球首个番茄超泛基因组

由新疆农业科学院加工番茄生物育种创新团队牵头，联合中国农业科学院、新疆大学、新疆农业大学等多家单位完成全球首个番茄超泛基因组的构建，研究成果 4 月 6 日在线发表于《自然-遗传学》(*Nature Genetics*)。

该研究收集了 8 个野生番茄种、1 个番茄近缘野生种和 2 个栽培番茄代表性品种，利用 PacBio、Bionano 和 Hi-C 测序技术，组装了 11 个染色体水平高质量基因组，解析了番茄属基因组特征，重构了番茄属系统发生关系，构建了国际首个番茄超泛基因组/图基因组。该团队还在国际上首次利用超泛基因组，在野生番茄资源中克隆到一个能显著增加分枝数且果实数量增加 67.1% 的新基因，研究有助于功能基因挖掘和番茄遗传改良，对今后加工番茄品种创新具有重大价值。该研究方案也为其他农作物开展生物育种基础前沿研究提供了新思路，为加快新品种选育进程开辟了新方向。

(来源：新疆农业科学院网站)

中国农业科学院作物科学研究所发现小麦绿色革命蛋白磷酸化调控机制

近日，中国农业科学院作物科学研究所小麦基因资源发掘与利用创新团队克隆了小麦矮秆基因 *GSK3*，并揭示了该基因通过编码蛋白激酶磷酸化小麦绿色革命蛋白 Rht-B1b 来降低株高的分子机制，为小麦株型遗传改良提供了新思路。相关研究成果 3 月 22 日在线发表于《植物细胞》(*The Plant Cell*)。

研究人员筛选到一个矮秆、叶片直立生长的小麦突变体，通过对该突变体的分析，克隆到功能获得性 *GSK3* 等位基因。该突变体表现出对植物激素油菜素内酯不敏感表型，表明 *GSK3* 参与调控小麦油菜素内酯信号转导途径。进一步研究发现 GSK3 激酶可以与小麦绿色革命蛋白 Rht-B1b 相互作用并介导蛋白磷酸化，进而降低小麦株高。该工作是小麦绿色革命分子基础研究领域的一个重要进展，揭示了 Rht-B1b 蛋白磷酸化调控的分子机制，为小麦株型遗传改良提供了理论基础和新思路。

(来源：中国农业科学院网站)

美国加州大学揭示植物对温度做出反应的关键因子

美国加州大学河滨分校的研究人员综合使用遗传学、基因组学和分子生物学方法，证明了microRNA（miRNA）在热形态发生中起着至关重要的作用。该研究通过全基因组miRNA和转录组分析证明miR156及其靶标*SPL9*是热形态发生的关键调节因子。miR156/SPL9模块通过阻碍生长素的敏感性来解除幼苗对温度的响应性，依赖miR156的生长素敏感性也在较低温度下起作用。研究结果揭示了miR156/SPL9模块作为一个以前未被表征的遗传途径，使植物的生长能够响应环境温度和光照的变化。该研究还表明miRNA存在于传感器和响应者之间，没有miRNA，植物可以感知温度，但不能通过生长来响应它。miRNA就像是一个看门人，可以关闭或允许植物响应环境的温度变化。

（来源：加州大学河滨分校、*Nature*）

国际团队发现促进水稻繁殖发育的重要基因

由米兰大学领导的一个国际研究小组在水稻中发现了一个重要基因，当该基因被阻断时，花序分枝和花朵的数量将得以增加。该研究得到KeyGene公司的支持，他们培育并鉴定了3种在所研究的基因中具有不同化学诱导突变的水稻。利用这些植物的后代，研究小组能够证明，阻断植物中的基因会导致花序分枝数量显著增加，从而导致花朵数量增加以及更高的谷物产量。这一新发现的机制被证明也可用于提高水稻以外其他谷物的产量，后续研究旨在利用基因变异来创新水稻和其他谷物的植物育种。研究结果于3月27日发表于《自然-植物》（*Nature Plants*）。

（来源：Agropages）

遗传发育所揭示大豆籽粒性状调控的新机制

挖掘粒重调节基因并解析其分子机制，对培育优质的大豆品种具有重要意义。近日，中国科学院遗传与发育生物学研究所张劲松团队鉴定到一个新的大豆百粒重调控基因 *GmJAZ3*，发现其蛋白参与的 GmJAZ3-GmRR18a-Gm-MYC2a-GmCKXs 模块介导茉莉酸和细胞分裂素通路，促进大豆籽粒和其他器官增大，并调控籽粒营养物质组成。研究结果 4 月 17 日在线发表于《植物学报》（*Journal of Integrative Plant Biology*）。

这项研究通过构建大豆种子的基因共表达网络，鉴定出核心基因 *GmJAZ3*，它编码的蛋白定位于细胞核中，具有转录抑制活性。大豆中过表达该基因促进了种子大小和粒重，降低了脂肪酸含量，提高了蛋白质含量。转录组分析发现 *GmJAZ3* 显著抑制了多个细胞分裂素氧化酶基因 *GmCKX* 表达。进一步研究发现，一方面，*GmJAZ3* 直接与茉莉酸信号通路转录因子 GmMYC2a 相互作用，抑制了 GmMYC2a 对 GmCKX3-4 的转录激活作用；另一方面，*GmJAZ3* 与细胞分裂素信号通路转录因子 GmRR18a 相互作用，抑制了 GmRR18a 对 GmMYC2a 和 GmCKX3-4 的转录激活作用，协同调控大豆种子大小。同时，研究还发现 *JAZ3* 在野生大豆到栽培大豆驯化过程中经历了人工选择，它在水稻和拟南芥中的同源基因也具有类似功能。该研究揭示了大豆粒重和品质调控的新机制，为大豆高产优质育种提供了基因资源和理论指导。

（来源：中国科学院）

小麦抗性基因新发现

近日，沙特阿卜杜拉国王科技大学（KAUST）和美国明尼苏达大学等研究机构成功克隆了小麦茎锈病抗性基因 *Sr43*，编码了一种激酶融合蛋白。*Sr43* 介导的抗性具有物种特异性和温度敏感性，其转基因表达可对不同茎锈病病原体分离株具有高水平抗性。研究团队成功克隆到从长穗偃麦草（Thinopyrum elongatum）转移到面包小麦中的茎锈病抗性基因 *Sr43*。经鉴定，*Sr43* 编码融合两个未知功能域的活性蛋白激酶，该抗性基因为小麦特有。*Sr43* 在小麦中的转基因表达赋予了对广泛的茎锈病病原体分离株的高水平抗性，彰显出 *Sr43* 在抗性育种和工程中的潜在价值。研究成果 5 月 22 日发表于《自然-遗传学》（*Nature Genetics*）。

（来源：*Nature*）

研究发现谷子产量调控关键基因

中国农业科学院作物科学研究所特色农作物优异种质资源发掘与创新利用团队，通过谷子突变体图位克隆到谷子籽粒产量调控的关键基因 *SGD1*，并解析了其调控禾谷类作物籽粒发育的分子机制，为提高禾谷类作物产量提供了理论基础和基因资源。该研究首次报道了作物中通过泛素化通路稳定 BR 信号的分子机制，对深入认识油菜素内酯系统和泛素化系统对作物重要农艺性状的调控关系具有重要意义。相关研究成果 5 月 29 日在线发表于《自然-通讯》（*Nature Communications*）。

研究团队利用谷子豫谷 1 号 EMS 突变体库鉴定产量相关性状的突变体，发掘到谷子籽粒产量调控的重要基因资源 *SGD1*，该基因编码一个泛素连接酶，能够通过调节植物细胞大小，影响谷子的株高、粒重和株型等多个关键农艺性状。通过对 1681 份谷子种质资源中 *SGD1* 基因的单倍型分析及相关实验发现，该基因的优异单倍型，能够显著提高谷子单株产量及谷瘟病抗性。进一步研究表明，*SGD1* 在水稻、小麦和玉米等禾谷类作物中具有保守的调控作物籽粒产量的功能。

（来源：中国农业科学院作物科学研究所）

研究解析 C_4 解剖学结构形成机制

近日，中国农业科学院生物技术研究所作物高光效功能基因组创新团队研究发现控制水稻 C_3、C_4 小脉发育新机制，为在 C_3 水稻中有效组装 C_4 解剖学结构提供新的基因资源和理论基础。相关研究成果 5 月 8 日发表于《植物细胞》（*The Plant Cell*）。

玉米、高粱等 C_4 作物叶片具有“花环结构”和生化途径，其光合效率、生物量、粮食产量、水分和氮素利用效率显著高于水稻、小麦等 C_3 作物。小脉是“花环结构”的组织中心，小脉变密和叶肉细胞、维管束鞘细胞的特殊排列模式是 C_3 植物向 C_4 植物进化的第一个关键步骤。这项研究发现，水稻中转录因子 OsSHR1/2 与 OsIDD12/13 形成复合体，并结合到基因 *OsPIN5c* 上，形成 SHR-IDD-PIN 分子模块开关调控基因 *OsPIN5c* 的表达，影响水稻叶脉生长素的分配，从而控制小脉密度和叶肉细胞、维管束鞘细胞的特殊排列模式，在水稻中创制类似 C_4 的解剖学结构。该研究为 C_4 水稻创制进程迈出关键一步。

（来源：中国农业科学院网站）

国际团队创制水稻广谱抗病基因

由华中农业大学李国田课题组和加州大学戴维斯分校 Pamela C. Ronald 课题组牵头的国际科研团队，通过对水稻进行基因编辑，创制了新基因 *RBL1Δ12*，可在稳产的前提下显著提高水稻对稻瘟病的抗病能力，对于水稻甚至更多作物的抗病育种、绿色防控具有重要意义。研究成果 6 月 14 日发表于《自然》（*Nature*）。

研究团队克隆到一个广谱抗病类病斑突变体基因 *RBL1*，并通过基因编辑创制了增强作物广谱抗病性且稳产的新基因 *RBL1Δ12*，该基因在作物中高度保守，与传统抗病基因相比，可打破物种界限、普适性更强，具有巨大抗病育种应用潜力。感染测定显示，*RBL1Δ12* 对 10 个稻瘟病田间菌株、5 个白叶枯菌菌株和 2 个稻曲菌菌株具有抗性。在湖北、江西和海南等地进行的田间试验结果表明，*RBL1Δ12* 株系稳产，具有显著的抗稻瘟病、抗白叶枯和抗稻曲病能力，在稻瘟病害严重发生时能够挽救约 40% 的产量损失。此外，经团队初测，该基因在小麦抗锈病和纹枯病上也有显著效果，进一步证明了其在作物抗病育种中的应用潜力。

（来源：加州大学戴维斯分校、*Nature*）

美国德保罗大学计算机科学家对棉花基因组进行测序

美国德保罗大学的计算机科学家应用生物信息学流程重建了一种顶级棉花品种（非洲驯化的草棉品种 Wagad）的最完整的基因组序列。该序列补充了现有的基因组组装和多样性研究，为了解草本植物的基因组结构和遗传多样性奠定了基础，也为二倍体棉花育种提供了更多视角。

作为鉴定棉花二倍体和多倍体基因组变异和资源改良的一部分，科学家对 Wagad 的基因组进行了测序和组装。利用 PacBio 长读技术、HiC 和 Bionano 光学定位结合生成该染色体的水平基因组，将这一栽培品种的基因组与野生草本亚种非洲草的基因组进行比较，阐明驯化过程中草棉基因组的变化，并利用现有的 RNA-seq 将这些分析扩展到基因表达。美国国家科学基金会（NSF）和美国农业部农业研究局（USDA-ARS）为研究资助方。研究结果2023 年 2 月发表于《G3：基因，基因组，遗传学》（*G3-Genes，Genomes，Genetics*）。

（来源：德保罗大学）

我国组装首个谷子高质量图基因组

近日，中国农业科学院作物科学研究所特色农作物优异种质资源发掘与创新利用团队，通过对谷子种质资源的基因组变异和群体结构分析，组装了谷子第一个高质量图基因组，系统阐明了谷子起源及驯化改良的过程，为“谷子起源于中国”的单起源假说提供了群体遗传学证据。相关成果 6 月 8 日发表于《自然-遗传学》（*Nature Genetics*）。

研究团队在对谷子野生种、农家品种和现代育成品种等1 844份核心种质资源群体结构进行系统解析，从群体遗传角度证实谷子单起源假说——全世界的谷子均来自中国。该研究从头组装了 110 个代表性谷子和狗尾草高质量基因组，绘制了首个狗尾草属基因组变异图谱，构建了首个杂粮和 C_4 作物高质量图基因组，认识了谷子资源变异的基本情况，系统解析了谷子驯化和改良过程中基因组变异。同时，历时 10 年在 13 个地理环境下对 680 份资源进行了 68 个性状的表型调查，形成了 226 组群体表型数据和表型组数据库；将基因组变异和表型数据关联，发掘出1 084个与表型显著关联的重要性状相关位点。此外，研究还建立了基于谷子图基因组的最优预测模型和全基因组选择育种方法，该方法可加速作物遗传研究并使谷子表型预测精度最高提升12.6%。该研究构建的谷子基因组变异图谱、多环境多性状表型组以及批量发掘的重要性状控制位点和基因，为谷子模式植物体系发展等基础研究和资源利用提供了重要数据基础，也为作物种质资源挖掘利用提供了重要参考。

（来源：中国农业科学院作物科学研究所）

日本研究人员揭开植物再生的秘密

由日本奈良科学技术研究所（NAIST）领导的研究小组研究了拟南芥的再生过程，确定并表征了芽再生的关键负调节因子。该研究证明了WUSCHEL-RELATED HOMEOBOX 13（*WOX13*）基因及其蛋白质如何通过充当转录（RNA 水平）抑制物来促进愈伤组织细胞的非分生组织（非分裂）功能，从而影响再生效率。研究成果 7 月 7 日发表于《科学进展》（*Science Advances*）。

这项研究表明，与其他已知的芽再生负调节因子［仅阻止愈伤组织向茎尖分生组织（SAM）的转变］不同，*WOX13* 通过促进替代路径来抑制 SAM 形成。它通过与调节因子 WUS 的相互抑制调节回路来实现这种抑制，通过转录抑制 WUS 和其他 SAM 调节剂并诱导细胞壁修饰剂来促进非分生细胞的再生。通过这种方式，*WOX13* 充当芽再生的主要调节剂。该研究结果表明，敲除 *WOX13* 可以促进芽再生并提高再生调控效率。这意味着 *WOX13* 基因敲除可以作为农业和园艺的一种工具，促进组织培养介导的作物芽再生。

（来源：奈良科学技术研究所）

康奈尔大学发现苹果垂枝生长基因

植物结构是决定作物产量潜力和生产力的重要因素之一。美国康奈尔大学和美国农业部农业研究局（USDA-ARS）的科学家为更好地了解苹果树结构的遗传控制，对显性垂枝生长表型进行研究，发现了一种基因突变。该突变会导致苹果树出现下垂枝条的结构，这一发现有助于提高苹果产量。

这种突变很罕见，发生在不到 1%的树木中。为识别该基因，研究人员使用了“正向遗传学”方法，观察了1 000多个垂枝品种后代的可观察性状，并将表现出垂枝现象的后代与正常生长的品种区分开来。使用先进的基因测序技术来比较两个群体，以找到遗传决定因素。

该研究确定了 *MdLAZY1A* 的一个变异或等位基因——一种主要控制苹果垂枝生长的基因。研究结果可用于使现有的苹果品种枝条稍微向下生长和(或)具有更多伸展的枝条，以提高它们的生产力，并且可以节省绑扎枝条的劳动力成本。该研究由美国国家科学基金会植物基因组研究计划资助。研究结果于7月3日发表于《植物生理学》(*Plant Physiology*)。

（来源：康奈尔大学）

中国农业大学实现首个玉米全基因组完整无间隙组装

2023年6月15日，中国农业大学国家玉米改良中心、玉米生物育种全国重点实验室赖锦盛教授团队在《自然-遗传学》(*Nature Genetics*)上在线发表了玉米全基因组所有染色体端粒到端粒完整无间隙组装结果，在复杂动植物基因组中第一个实现真正意义上的全基因组完整无间隙组装。该研究是复杂基因组组装领域工程技术研究的重大突破，攻克了复杂动植物基因组组装的最后一道难题，是基因组组装和基因组学研究的一个重要里程碑。

研究团队以Mo17自交系为材料，综合利用了约237×的ONT Ultralong和约69.4×的Pacbio HiFi测序数据，完成了最新的玉米基因组组装，其大小为2 178.6 Mb，每条染色体的端粒到端粒均由一条完整连续的序列组成，碱基精确度超过99.99%。最新的组装不仅在过去高质量组装的基础上增加了1029个基因，还解锁了玉米基因组中结构最为复杂且从未被组装的基因组空白区。这是首个完整的、无间隙的玉米基因组序列，也是首个所有染色体都完整组装的复杂动植物基因组。

（来源：*Nature*、中国农业大学）

美国科学家识别出可提高作物光合作用效率的新基因

植物光合作用中光能的吸收必不可少，而过量吸收的光能会对植物造成损伤。为了适应自然环境中光强不断变化的情况，植物进化出多种光保护机制，以耗散吸收的多余光能，这一机制被称为非光化学淬灭（Non-Photochemical Quenching，NPQ）。通过NPQ机制防止过量光的损伤对植物的生存是必不可少的。为了证实在玉米作物中NPQ活性基因能发挥作用，美国内布拉斯加林肯分校的科学家开展研究，种植了700多个不同基因型的玉米品种，寻找不同品系之间NPQ表现的差异及导致这些差异的基因，最终发现了6个候选基因。研究成果5月22日发表于《新植物学家》（*New Phytologist*）。

该研究团队发现，在从饱和光照条件过渡到弱光照条件时，缓慢的NPQ弛豫速率降低了光系统II运行效率（ΦPSII）和CO_2的固定，可使大田作物的产量下降高达40%。研究团队利用半高通量分析，对700多种玉米基因型进行了为期2年的重复田间试验，量化了NPQ和ΦPSII运行效率的动力学。参数化动力学数据被用于开展全基因组关联研究，发现不同品系中NPQ反应的速度和幅度差异很大。对这些品系的遗传密码进行比较，并与NPQ性能的差异进行交叉引用，最终揭示了6个候选基因，包括两个硫氧还蛋白基因，编码叶绿体包膜中的转运蛋白、叶绿体运动的启动子、细胞伸长和气孔模式的假定调节因子的基因，以及一种参与植物能量稳态的基因。该研究鉴定的基因和自然发生的功能等位基因大大扩展了实现作物生产力可持续增长的途径。

（来源：*New Phytologist*）

美国马里兰大学成功测序最古老驯化小麦基因组

近日，美国马里兰大学领导的国际研究小组对世界第一个被驯化小麦品种einkorn的完整基因组进行了测序，并揭示了其演化机制。这将帮助研究人员确定einkorn对病害、干旱和高温耐受性的遗传特征，从而更好地对面包小麦进行基因组改良。相关研究成果发表于《自然》（*Nature*）。

由于大粒径和易于脱粒等特性，面包小麦被人们广泛种植，但也失去了对干旱、高温和虫害的天然抵抗力，难以抵御当前气候变化的威胁。然而einkorn仍然保留着环境适应力特性和庞大的基因库，约有50亿个碱基对。通过了解einkorn的遗传多样性和进化史，研究人员可以挖掘其育种潜力，开发出更具环境适应性和更有营养的小麦品种。

（来源：马里兰大学）

我国科学家发现植物细胞粘连的重要功能及其形成的关键基因

中国科学院分子植物科学卓越创新中心晁代印研究组的一项研究鉴定到植物中一个全新的蛋白质家族 GAPLESS，并发现该家族成员介导了植物根部内皮肤屏障“凯氏带”处的细胞壁与细胞质膜粘连，从而控制水稻营养运输和生长发育。研究成果 8 月 31 日发表于《自然-植物》（*Nature Plants*）。

该研究通过生物信息学分析和筛选，在水稻中找到了一系列内皮层特异表达的基因，被命名为 GAPLESS 蛋白。这类蛋白在植物中广泛存在，并在内皮层非木栓质化细胞特异性表达。研究发现，GAPLESS 特异定位在凯氏带所在的细胞壁，且与凯氏带细胞质膜区特异定位的 OsCASP1 蛋白共定位或极其接近。一系列的实验证据表明，GAPLESS 蛋白能够与 OsCASP1 发生很强的相互作用，进而形成牢固的 GAPLESS-OsCASP 复合体。因此，嵌于凯氏带细胞壁的 GAPLESS 蛋白与镶嵌于细胞质膜的 OsCASP 通过形成这种稳固的复合体将凯氏带与细胞质膜粘连在一起，进而阻断水分和离子在根部自由扩散。研究结果表明，GAPLESS 蛋白家族是凯氏带—细胞质膜粘连所必须的，且这种细胞粘连对于水稻的营养平衡和生长发育颇为重要。

GAPLESS 分子特征和作用机制的阐明，不仅刷新了科学家对细胞壁蛋白功能的认知，而且扩展了对于多细胞生物细胞粘连机制的认识。该研究揭开了凯氏带—细胞质膜粘连形成的分子机制，并首次证实这种紧密粘连对于植物营养平衡和生长发育至关重要。此外，由于凯氏带在植物选择性吸收和应对干旱、高盐等逆境胁迫中发挥重要作用，因此该研究对提高矿物质营养素的利用效率、解析植物耐盐耐旱机制具有重要意义。

（来源：*Nature*）

用于植物疫苗和药物生产的重大基因组研究进展

由澳大利亚昆士兰大学领导的一个国际研究项目在利用澳大利亚本塞姆

氏烟草低成本、快速地培育治疗性蛋白质和疫苗方面取得重大进展。这项研究确定了本塞姆氏烟草的完整基因组序列，该植物已用于生产至少 3 种 COVID-19 疫苗和 3 种 COVID-19 检测试剂盒。相关成果 8 月 10 日发表于《自然-植物》（*Nature Plants*）。

本塞姆氏烟草属于茄科植物，是植物科学研究中广泛使用的实验模型之一，被认为是全世界基础研究和生物技术研究的主力，是测试和实施植物生物学先进发现和工程方法的首选物种。世界各地的生物制药研究人员将本塞姆氏烟草用作生物技术平台生产复杂的生物制剂，其生产成本低、产量高且易于扩展。现已完全测序的基因组将进一步提高其及其远缘本塞姆氏烟草野生株（QLD）的用途和功能。本塞姆氏烟草基因组序列的确定将有助于加强生物技术、农业研究以及基于植物的药物生产。

（来源：*Nature*）

研究揭示了巴西和美国大豆品种遗传关系和基因组选择特征

巴西和美国是全球最大的两个豆类生产国。巴西大豆和棉花育种公司 Tropical Melhoramento & Genética 在《自然》（*Nature*）上发表了一项研究，分析了不同年代发布的巴西（N=235）和美国大豆品种（N=675）之间的遗传关系，并筛选了巴西和美国品种之间的基因组特征。

大豆种群结构分析表明，巴西种质资源的遗传基础比美国种质资源窄。美国品种按成熟期分组，巴西品种按释放年限分组。研究发现了 73 个区分巴西和美国大豆种质的 SNP，巴西和美国种质之间与成熟度相关的 SNP 显示出较高的等位基因频率差异。在巴西 1996 年前后发布的品种中还发现了其他重要的位点。数据显示，在巴西和美国数十年的大豆育种过程中，重要的基因组区域应该成为培育适应这些国家不同来源品种的目标。

（来源：*Nature*）

现代小麦育种对基因组和表型的重塑研究获进展

海南省崖州湾种子实验室、中国科学院遗传与发育生物学研究所与深圳华大基因研究院发表的一项最新研究揭示了中国和美国的育种家在现代育种过程中对小麦表型和基因型重塑的异同，并提供了丰富的材料和遗传资源，为未来小麦改良提供了重要信息和基因座位资源。相关研究结果 8 月 30 日发表于《植物细胞》（*The Plant Cell*）。

该研究通过对 355 份来自中国、美国的育成品种以及地方品种进行表型评价和基因组重测序分析，发现现代育成品种的表型和遗传多样性与地方品种相比均发生很大改变。中、美两国的现代育成品种比地方品种产量高、株高降低、开花期缩短。在产量提高方面，中国的现代品种主要通过增加籽粒大小、穗粒数和千粒重等因素来提高产量，而美国主要依靠增加分蘖数来实现产量提高。这表明中美两国对小麦表型的重塑方面存在差异。为进一步从基因组水平阐释这种差异，该工作对 21 个农艺性状进行全基因组关联分析（GWAS），鉴定到 207 个控制农艺性状的位点，并绘制出这些位点的基因型指纹图谱。分析发现，大部分位点的优异等位变异频率在中美品种中均明显增加，但中国品种和美国品种增加幅度有所差异，这预示着不同国家在现代育种过程中对这些位点进行了不同程度的趋同选择。

此外，该研究采用 XP-CLR 的方法在全基因组水平对中美两国育种选择靶标进行鉴定发现，约 15%的基因组区域受到选择，且这些受选择的区域包含诸多控制株型、产量、品质和抗病等的已知基因。研究显示，中美育种家可能通过选择同一基因、同一基因的不同单倍型或同一基因在不同亚基因组上的同源基因来实现对某一性状的重塑。

（来源：OXFORD ACADEMIC）

我国科学家发现大豆皂苷解毒对于大豆种子发芽至关重要

中国科学院遗传与发育生物学研究所王国栋研究团队系统研究了 A 类大豆皂苷乙酰化的生理功能。相关成果 2023 年 8 月 7 日发表于《植物学报》（*Journal of Integrative Plant Biology*）。

以往的研究表明，A 类大豆皂苷中的乙酰化糖会导致大豆衍生食品产生不良苦味，而无乙酰基的 A 类大豆皂苷则没有苦味。然而，在 A 类大豆皂苷生物合成过程中负责乙酰化的特定酰基转移酶仍不清楚。

研究团队通过基因共表达分析和大豆毛状根系统鉴定了一个候选 BAHD 酰基转移酶基因 *GmSSAcT1*，并从生化角度证明了 *GmSSAcT1* 催化 A 类大豆皂苷的连续乙酰化反应。通过 CRISPR/Cas9 基因组编辑破坏 *GmSSAcT1* 导致 A 类大豆皂苷完全丧失，进而引起去乙酰化的 A 类大豆皂苷积累和种子发芽缺陷。虽然去乙酰化大豆 A 类皂苷植物毒性的精确机制需要进一步研究，但这项研究强调了 GmSSAcT1 作为一种解毒酶的双重作用，可以减少大豆种子中的有毒化合物，并作为培育苦味较少的大豆品种的潜在目标。针对 ssact1 突变种子存在发芽问题，研究人员建议从大量天然大豆群体中选择大豆 A 类皂苷含量降低和去乙酰化 A 类皂苷水平升高的大豆品种。

（来源：中国科学院）

荷兰进行杂交马铃薯产量和干物质的有效基因组预测

目前，科学家正致力于将马铃薯从克隆多倍体作物快速适应为二倍体杂交马铃薯作物。虽然杂交育种可以有效地产生和选择亲本，但也增加了育种程序的复杂性，导致更长的育种周期。在过去的 20 年里，基因组预测通过缩短育种周期、降低表型成本和更好的群体改良，使杂交作物育种发生了革命性的变化，从而增加了遗传复杂性状的遗传增益。

荷兰瓦赫宁根大学和研究中心的科学家利用现有基因分型材料，用两种替代模型对杂交马铃薯的基因组预测进行了试验：一种模型预测一般配合力效应（GCA），另一种模型同时预测一般和特异配合力效应。使用由 769 个杂交种和 456 个基因型亲本系组成的训练集，研究发现，在训练集和测试集之间，对于大多数具有零共同亲本（$\rho=0.36-0.61$）和一个共同亲本（$\rho=0.50-0.68$）的表型，可以实现合理的预测精度。在 GCA+SCA 模型中，尽管 SCA 方差占总遗传方差的 9%～19%，但纳入非加性遗传效应没有任何益处。基因型与环境的相互作用虽然存在，尽管预测误差在试验目标之间确实有所不同，但似乎并没有影响预测的准确性。这些结果表明，亲本系的遗传估计育种值足以预测杂交产量。

（来源：Solynta、*Plants*）

ALDH 基因调控大豆耐低温机制研究获进展

全球气候变化时常导致部分地区春季低温，影响大豆出苗率和产量。在低温环境下，植物细胞内会积累大量活性氧（ROS）破坏细胞膜结构与功能，导致水分代谢失衡，甚至使植株死亡。乙醛脱氢酶（ALDHs）能够将醛转化为相应的酸类物质，从而保护植物细胞膜免受活性氧损伤，并减轻其对植物造成的伤害。因此，通过提高大豆乙醛脱氢酶含量可以增强其对低温胁迫的抵抗能力。

中国科学院东北地理与农业生态研究所研究团队将来自花生 ALDH 家族的 *AhALDH2B6* 基因转入大豆受体中，发现在大豆基因组中过表达 *AhALDH2B6* 可以显著增加转基因大豆的耐低温能力。在生化方面，转基因大豆表现出丙二醛（MDA）活性降低、过氧化物酶（POD）和过氧化氢酶（CAT）含量增加的特点，表明转基因大豆具有更强的低温耐受性。通过转录组分析发现，*AhALDH2B6* 基因参与调控苯丙烷代谢与合成相关途径，影响植物发育，减少了低温胁迫对转基因大豆植株的损伤。该研究在大豆中实现了花生 *AhALDH2B6* 基因的表达，获得了耐低温的转基因大豆材料，明确了过表达该基因提高大豆耐低温能力的机理，为大豆耐低温育种提供了理论依据和新思路。相关研究成果 2023 年 7 月 8 日发表于《植物》（*Plants*）。

（来源：*Plants*）

高铁突变基因序列发现助力高铁作物培育

缺铁性贫血是一种由于体内缺乏铁而导致储存和携带氧气的红细胞数量减少的疾病。英国约翰英尼斯中心的研究人员使用新近获得的豌豆基因组图谱，确定了导致豌豆中两种高铁突变的潜在基因序列。对这些突变的了解将为基因编辑策略提供信息，增加多种作物的铁含量。相关研究成果 10 月 26 日发表于《植物学杂志》（*The Plant Journal*）。

研究人员使用 RNA 测序技术寻找到高铁豌豆植物中表达的基因，并将其与铁含量正常的野生型植物进行比较。利用计算映射技术和植物实验，确定了豌豆基因组上的确切突变及其位置。通过识别导致这些高铁表型的遗传密码的微小变化，该研究将提高食品的营养价值。

该研究潜在的商业应用包括培育含有10倍以上铁含量的豌豆作物，或生产含有天然、生物利用度更高的铁补充剂，且不会产生类似化学衍生铁补充剂的副作用。该研究还将有助于利用基因编辑和其他现代育种技术对小麦和大麦等其他作物进行作物营养强化。

（来源：John Innes Centre）

中国农业科学院作物科学研究所发现调控大豆耐荫性和产量的关键基因

中国农业科学院作物科学研究所联合多家单位定位了调控大豆株高的关键基因 *PH13*，揭示了其优异单倍型在高纬度地区品种选育中的重要作用及分子机制，明确了 *PH13* 及其同源基因在改良大豆株高和耐荫性方面的重要应用价值。该研究为提高大豆耐荫性和产量提供了理论基础和基因资源。相关研究成果10月26日在线发表于《自然-通讯》（*Nature Communications*）。

该研究定位了一个调控大豆株高的主效基因 *PH13*，其编码蛋白与GmCOP1互作来降解STF转录因子，从而促进茎杆伸长。该基因在自然群体中有3种主要单倍型，其中PH13H3单倍型编码部分功能缺失的PH13蛋白与GmCOP1互作减弱，导致STF蛋白积累从而降低大豆株高。驯化分析发现PH13H3单倍型所占比例由地方品种的1.4%上升至栽培品种的32.7%，尤其是在高纬度地区品种改良过程中被育种家广泛利用。研究团队以中低纬度品种TL1为亲本，利用基因编辑技术对PH13及其直系同源基因PHP进行敲除，创建了突变体株系。田间测试表明该突变体在各种植密度下株高均保持恒定且无倒伏出现，产量显著提高，从而为南豆北移提供了新途径。

（来源：*Nature*）

中国科研人员发现大豆抗旱性调控的重要基因

近期，中国科学院遗传与发育生物学研究所的科研人员对584份大豆种质资源进行了田间抗旱表型鉴定，利用株高、产量和生物量计算大豆田间抗旱指数，并对该表型进行全基因组关联分析挖掘大豆抗旱基因。

科研人员在16号染色体上鉴定到与抗旱指数显著关联的信号。分析表明，含有非同义突变SNP的过氧化物酶是该基因组中偶然出现的基因，非同义突变导致两种GmPrx16单倍型之间的过氧化物酶活性差异。过表达GmPrx16可以提高过氧化物酶活性，增强大豆的抗旱性；但GmPrx16 RNAi转基因株系降低了过氧化物酶活性，并表现出干旱敏感表型。该研究发现了GmPrx16基因是在大豆自然群体中控制大豆抗旱性的关键基因，同时阐明了GmPrx16调控大豆抗旱性的分子机制，为大豆抗旱分子设计育种提供了重要理论依据。相关研究成果发表在《植物生物技术杂志》（*Plant Biotechnology Journal*）。

（来源：Agropages、中国科学院）

美国研究人员鉴定出可控制能源植物识别有益微生物的蛋白质

美国橡树岭国家实验室（ORNL）开发了一种新方法，鉴定出的一种蛋白质可能是能源植物杨树与有益微生物之间交流的关键，有助于促进杨树的生长、碳储存和气候适应力。这项研究首次探讨了LysM-RLKs在杨树—微生物相互作用中的作用，这为未来研究工作建立了一个关键的起点，以了解微生物感知机制中的特异性和冗余性。

对于植物来说，区分共生微生物和致病微生物关乎生存。ORNL的研究人员已经确定了特定的蛋白质和氨基酸，它们可以控制能源植物识别有益微生物。这些被称为LysM受体样激酶的蛋白质调节植物和微生物之间的信号传导，这一过程会影响植物的生物量生产、根系性能和碳储存能力。该研究指出，对受体如何区分微生物敌友的预测性见解，将缩短验证基因功能和加速提高植物性能所需的设计—建造—测试的周期。这种新方法以多管齐下的方式使用计算结构生物学，可以加速多种植物的基因功能鉴定。

（来源：橡树岭国家实验室）

基因编辑技术

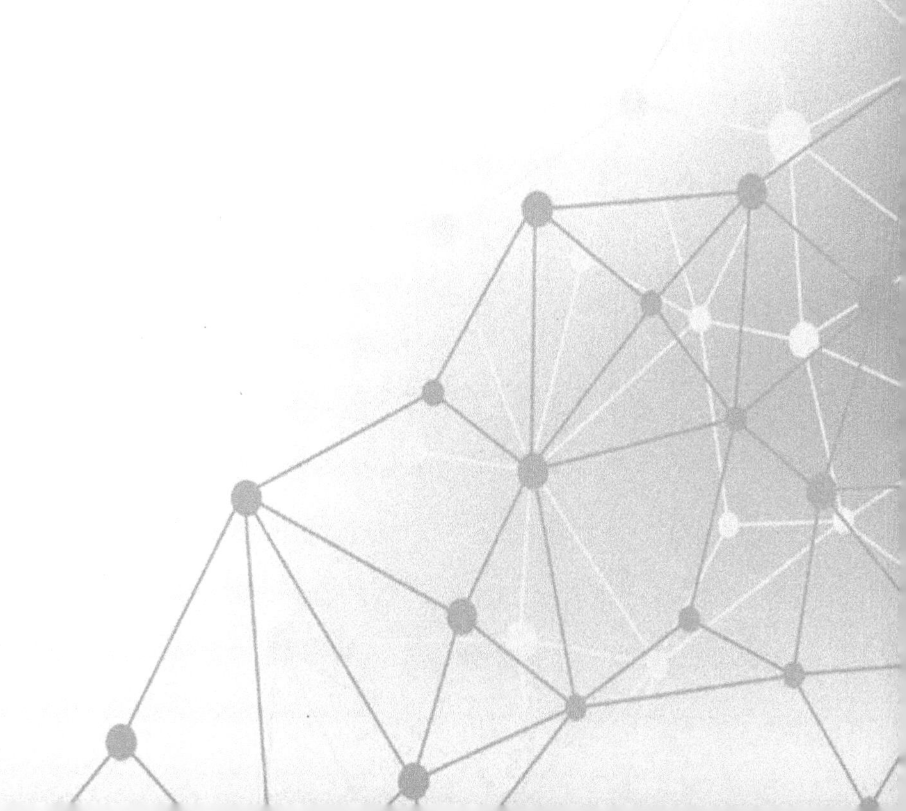

中国科学家利用优化的引导编辑系统诱发玉米遗传突变

引导编辑（Prime Editing，PE）在玉米育种应用中效率较低。近年来，通过设计引导编辑引导 RNA（pegRNAs）、优化引导编辑蛋白以及操纵引导编辑的细胞决定因子，极大提高了在哺乳动物细胞和水稻育种中的引导编辑效率。近日，中国农业大学陈其军课题组在玉米中测试了这三种引导编辑系统。研究结果表明，优化的 PE 能够高效诱导产生可遗传的纯合和杂合玉米突变株系，在玉米中实现了同时对多基因、多靶点的可遗传精准编辑，从而消除了在玉米中使用 PE 的主要障碍。研究成果 2022 年 12 月 8 日在线发表于《植物学报》（*Journal of Integrative Plant Biology*）。

（来源：*Journal of Integrative Plant Biology*、ISAAA）

德国科学家将嫁接与 CRISPR 工具结合，实现植物跨物种基因编辑

德国马克斯·普朗克分子植物生理学研究所 Friedrich Kragler 课题组通过使用移动 tRNA 和 CRISPR 工具，将嫁接与移动 CRISPR 剪辑工具相结合，实现植物跨物种的基因编辑。研究小组鉴定了一系列类 tRNA 序列（TLS），这些序列作为 RNA 在植物内长距离移动的信号，并将其与 CRISPR/Cas9 基因组编辑系统相结合，将这种可移动的 TLS 元件融合到 CRISPR/Cas9 序列中，使植物产生“移动”版本的 CRISPR/Cas9 RNA。把这种可移动基因编辑成功应用到拟南芥与白菜型油菜跨物种嫁接中，研究结果表明，这种技术可以简化和加快新型、遗传稳定的商业作物品种的开发。这种新型可移动基因编辑系统为未来分子精准设计育种搭建了一条快速高效的通道，为农作物重要农艺性状研究以及作物遗传改良提供有力的技术支撑。

（来源：*Nature Biotechnology*）

美德科学家发现新型 CRISPR 基因剪刀

近期，德国 Helmholtz 研究所、美国 Benson Hill 公司和犹他州立大学合作

发现了一种称为 Cas12a2 的核酸酶，它代表了一种全新的 CRISPR 免疫防御类型；德克萨斯大学对此进行了详细的结构分析。两项研究成果于 1 月 4 日发表于《自然》（*Nature*）。

Cas12a2 与之前已知的其他 CRISPR-Cas 免疫系统核酸酶最关键的区别在于其防御行动的机制。Cas12a2 在识别侵入性 RNA 后，可以有效降解单链 RNA、单链 DNA 和双链 DNA。在细胞内，Cas12a2 的激活会诱发 SOS DNA 损伤反应，延缓其生长并限制病毒感染的扩散。最后，利用 Cas12a2 的辅助活性进行直接 RNA 检测，证明 Cas12a2 可以作为 RNA 引导的 RNA 靶向工具。该发现扩大了 CRISPR-Cas 系统的已知防御能力。

另一项对核酸酶的进一步结构分析发现，Cas12a2 在免疫反应的不同阶段与 RNA 靶标结合后，发生了重大的结构变化。这反过来又导致核酸酶出现一个暴露的裂缝，可以降解其遇到的任何核酸（单链 RNA、单链 DNA 以及双链 DNA）。该研究还发现了导致 Cas12a2 突变的方法，用来改变核酸酶在识别其 RNA 目标后降解的核酸。这些发现无疑拥有潜在的、广泛的技术应用前景。

（来源：*Nature*）

中国实现植物病原细菌基因组编辑新突破

近年来不断突破的 CRISPR 基因组编辑技术，因其精准、简单、高效等特性，已广泛应用于真核生物中。相比较而言，对与人类生活息息相关的原核生物的 CRISPR 研究远远滞后。在大多数农作物重要病原细菌中，CRISPR 系统具有细胞毒性，严重制约其应用。

近日，中国农业科学院植物保护研究所作物有害生物功能基因组研究创新团队借助异源表达的 NHEJ 修复系统，分别在水稻白叶枯病病原菌 Xoo PXO99A 和番茄细菌性叶斑病病原菌 Pst DC3000 中成功实现了 CRISPR/FnCas12a 核酸酶引起的基因组 DNA 双链断裂的高效修复，为植物病原细菌研究提供了新一代的遗传操作工具。研究过程中使用的 CRISPR-Solo 和 CRISPR-NHEJ 策略，为植物病原细菌基因功能研究提供了一系列解决方案，也为后续高效便利的 PXO99A 全基因组打靶操作、工程菌株开发等奠定了重要基础。

相关成果在线发表于国际著名学术期刊（*PLoS Pathogens*）。

（来源：中国农业科学院网站）

美国科学家使用新的表观遗传编辑技术改良作物

美国密苏里大学唐纳德·丹福斯植物科学中心（Donald Danforth Plant Science Center）的科学家及其合作者使用一种称为靶向甲基化的创新技术提高了木薯对细菌性枯萎病的抗病能力。该研究提出了一种可用于作物改良的表观基因组编辑方法，是首次使用靶向甲基化将农艺性状引入重要作物，为使用表观基因组编辑改良作物奠定了基础。研究结果1月5日发表于《自然-通讯》（*Nature Communications*）。

在这项工作中，研究人员将甲基化定向到MeSWEET10a中的TAL20效应子结合元件启动子，使用合成的锌指DNA结合域融合到RNA介导的DNA甲基化途径的一个组成部分。研究证明这种甲基化可阻止TAL20结合，阻断体内MeSWEET10a的转录激活，不仅使这些植物保持正常生长和发育，同时减少了木薯细菌性枯萎病症状。该研究得到比尔及梅琳达盖茨基金会、美国国家科学基金会研究生奖学金计划和圣路易斯华盛顿大学的资助。

（来源：*Nature*）

高彩霞研究组开发可预测的精细下调目标基因蛋白表达的新方法

近日，高彩霞研究组通过对上游开放阅读框（upstream open reading frame，uORF）进行设计，开发了一种普适的、能够可预测地精细下调基因表达的新方法，为未来分子设计育种提供了重要的技术手段。研究成果3月9日在线发表于《自然生物技术》（*Nature Biotechnology*）。

研究人员利用碱基编辑和引导编辑系统获得了含有新创制uORF或内源uORF被延伸的水稻突变体植株，通过对突变体植株的蛋白表达水平和表型进行检测，发现突变体中引入的uORF变体对目标蛋白表达和表型的影响与瞬时系统结果一致。为实现对目标基因的表达进行连续的梯度下调，结合两种策略，分别在水稻的 *OsTCP19*、*OsTB1* 和 *OsDLT* 基因的 5′UTR 区域设计了一系列具有不同抑制能力的 uORFs，瞬时系统的结果表明 pORF 的翻译水平被梯度地抑制到了原始水平的 2.5%~84.9%，实现了对基因的梯度敲降。OsDLT 基因编码 GRAS 蛋白家族成员，参与了水稻油菜素内酯信号转导途径，调控水稻株高、分蘖数、种子大小等多个重要农艺性状。该研究中以 OsDLT 基因为靶标，通过编辑 *OsDLT* 基因的 5′UTR，获得了一组具有不同叶夹角、株高和分蘖数的突变体，且突变体的表型变化趋势与瞬时系统预测结果一致。

（来源：中国科学院遗传与发育生物学研究所）

韩国科研人员开发出下一代基因剪刀设计技术

近日，韩国延世大学的研究团队成功开发了一种人工智能模型，可以精确、安全地设计下一代基因剪刀-引导编辑器（Prime Editor，PE）。研究成果 4 月 28 日发表于《细胞》（*Cell*）。

PE 被评价为比 CRISPR/Cas9 领先一步的基因编辑技术。然而，由于 PE 在结构上比其他基因剪刀更复杂，包括新的遗传信息，并且案例数量多样，很难设计出精确、安全的基因剪刀。研究团队从 2020 年至今的 3 年时间里获得了超过 33 万份 PE 数据，并通过实验测量了每个 PE 的效率。通过分析测量数据，研究团队成功确定了决定 PE 性能的主要原理及其影响。此外，还创建了一个 PE 效率预测模型，该模型可以通过在数据中输入要通过 AI 学习过程进行校正的基因序列信息来使用。以往成功设计一个 PE，要对几十到上百个 PE 进行测试，但通过该研究团队实现的技术，可以快速准确地设计出新的 PE，预期效果良好，预计在未来可用于基因治疗领域。

（来源：m. dongascience. com）

中科院开发出大片段 DNA 精准定点插入新工具

近日，中国科学院遗传与发育生物学研究所高彩霞研究组开发了 PrimeRoot（Prime editing-mediated Recombination of Opportune Targets）技术，

通过系统整合优化的引导编辑工具和位点特异性重组酶系统，实现长达 11.1 kb 的大片段 DNA 的高效精准定点插入。研究成果 4 月 24 日在线发表于《自然-生物技术》（*Nature Biotechnology*）。

研究通过结合该实验室开发的 ePPE（Engineered Plant Prime Editor）以及 David Liu 实验室研发的 epegRNA（Engineered pegRNA），在植物细胞内建立了 dual-ePPE 系统，实现了最高效率可达 50%以上的短片段 DNA 的精准定点插入，继而使用荧光报告系统在水稻原生质体中评估了分属丝氨酸家族和酪氨酸家族的 8 种位点特异性重组酶的工作效率，最终将 dual-ePPE 与筛选出高效的酪氨酸家族位点特异性重组酶 Cre 相结合，开发了能够实现大片段 DNA 精准插入的 PrimeRoot 系统。该系统在水稻和玉米中能够实现一步法大片段 DNA 的精准定点插入，效率可达 6%，成功插入的片段长度最长达 11.1kb。相比于传统非精准的非同源末端连接（Non - homologous end joining，NHEJ）策略，PrimeRoot 插入 5kb 及以上 DNA 片段的效率有明显提升，且插入完全精准可预测，在编辑效率和精准性上具有显著优势。该技术为基于基因堆叠的植物分子育种和植物合成生物学研究提供有力的技术支撑。

（来源：中国科学院）

一种克服植物功能冗余的多靶向基因组规模 CRISPR 工具箱

以色列特拉维夫大学主导，法国、丹麦和瑞士参与的一项研究利用创新的基因编辑技术 CRISPR 以及生物信息学和分子遗传学领域的方法，首次开发出一种基因组规模的技术，可以揭示基因和性状在植物中的作用，这些基因和性状以前被功能冗余所隐藏。研究成果 3 月 27 日发表于《自然-植物》（*Nature Plants*）。

植物基因组以庞大而复杂的基因家族为特征，往往导致相似和部分重叠的基因功能。这种基因冗余严重阻碍了当前新表型的发现，延误了基础遗传研究和育种计划的进展。这项研究开发并验证了一种基因组规模的规则间隔短回文重复工具箱（名为 Multi-Knock），通过同时靶向多个基因家族成员来克服拟南芥的功能冗余，从而识别遗传上隐藏的成分。研究团队计算设计了 59 129个最佳单向 RNA，每个 RNA 可以同时靶向一个家族中的 2~10 个基因。

此外，将该基因组文库分为10个子文库，指向不同的功能组，可以进行灵活和有针对性的基因筛选。从靶向植物转运蛋白组的5 635个单向RNA中，产生了3 500多个独立的拟南芥系，使研究人员能够鉴定和表征植物中第一个已知的细胞分裂素液泡膜定位转运蛋白。有了在基因组水平上克服植物功能冗余的能力，科学家和育种家可以较容易地将所开发的策略用于基础研究并加快育种工作。

（来源：*Nature*）

普渡大学开发非转基因T-DNA农杆菌菌株

近日，美国普渡大学的生物学家开发出提供T-DNA（Transfer DNA，转移DNA/三螺旋DNA）的农杆菌菌株，并正在进行专利申请。该菌株将T-DNA传递给植物，但不会将这种DNA整合到植物基因组中，植物仍然可以被修改以表达有价值的性状，不属于转基因植物。这种由农杆菌菌株传递的T-DNA会从植物细胞核中消失，因为它最终会被核酸酶破坏，或随着细胞分裂从植物细胞核中“稀释”出来。该农杆菌菌株已经成功用于模式植物物种的初步基因组工程，研究人员通过改变的农杆菌菌株突变了烟草八氢番茄红素去饱和酶基因，编码一种参与叶绿素合成的酶，其突变水平为正常野生型农杆菌菌株突变水平的50%~80%，但没有产生转基因植物。

（来源：普渡大学）

日本利用温控常压等离子体成功实现植物基因组编辑

日本农业和食品产业技术综合研究机构（简称NARO）、千叶大学和东京工业大学合作，开发了一种新的植物基因组编辑技术。通过常压等离子体的短时间照射，将基因组编辑所需酶引入植物细胞，并利用这种蛋白质引入技术使用CRISPR/Cas9系统对植物进行基因组编辑。由于利用等离子体可以直接导入Cas9/sgRNA复合物，能够在不引入任何外源DNA的情况下对植物进行基因组编辑，该方法有望用于优化多种植物物种，并可能在未来广泛应用于植物育种。研究成果2月16日发表于*PLOS ONE*。

针对等离子体在生物技术领域的应用，NARO和东京工业大学于2017年发表了一项利用温度可控的常压等离子体将生物聚合物从外部引入植物细胞的技术。在这种方法中，通过用控制在低温（约25°C）的常压等离子体处理植物，无论是蛋白质、RNA还是DNA，都可以掺入分子量超过4 000 000Da的生物聚合物。

（来源：NARO）

美国科学家开发新方法“堆叠”基因加快植物转化

近日，美国能源部橡树岭国家实验室（ORNL）的科学家开发出了一种能够一步将多个基因插入植物的技术，这项研究旨在加速开发用于航空生物燃料制备工艺的优势作物，将有助于美国实现2050年100%取代石油基航空燃料、航空业零碳排放的目标。

ORNL的科学家通过使用称为内含肽的蛋白质片段创造了一种新的递送方法，这种蛋白质片段具有从较大的蛋白质中分离出来的天然能力，然后再拼接在一起形成新的蛋白质。研究人员利用这些蛋白创建了一个分裂的选择标记系统，该系统将4个基因同时插入植物中，其中包括“标记”或识别转化细胞、支持其稳定性并使编辑可被生物传感器检测到的基因。这项技术已在烟草、模式植物拟南芥和生物质原料杨树上进行了演示。研究人员已开始研究该技术的迭代，一次插入12个基因——其中10个与杨树的生物功能相关，该技术经过改进可以支持多达20个基因的堆叠。该方法实现了稳健的植物共转化，为多个基因同时插入草本和木本植物提供了有效的工具。研究结果5月26日发表于《通讯生物学》（*Communications Biology*）。

（来源：*Nature*）

研究人员可视化CRISPR基因剪刀的活动过程

德国莱比锡大学和立陶宛维尔纽斯大学的研究人员合作开发了一种新方

法，可以在几毫秒内测量分子的最小扭曲和扭矩。该方法可以实现以最高分辨率实时追踪 CRISPR-Cas 蛋白复合物（也称为“遗传剪刀”）的基因识别。利用获得的数据，可以对识别过程进行准确的表征和建模，以提高遗传剪刀的精度。研究成果 7 月 6 日发表于《自然结构与分子生物学》（*Nature Structural and Molecular Biology*）。

研究团队借鉴了 DNA 纳米技术的成果，该技术可用于创建任何三维 DNA 纳米结构。利用这种 DNA 折纸技术，研究人员构建了一个 75nm 长的 DNA 转子臂，其末端附着有金纳米颗粒。在实验中，2nm 薄、10nm 长 DNA 序列的解旋被转移到金纳米粒子沿着直径 160nm 的圆的旋转上——这种运动可以使用特殊的显微镜装置放大和跟踪。通过这种新方法，研究人员能够观察到 CRISPR Cascade 复合体对序列的识别，几乎为碱基的一对一配对识别。利用获得的数据，可以创建序列识别的热力学模型，以描述偏差序列片段的识别。未来，这将有助于更好地选择仅识别所需目标序列的 RNA 序列，从而优化遗传操作的精度。

（来源：莱比锡大学）

中国科学院高彩霞团队开发新型碱基编辑器

在 8 月 28 日发表于《自然-生物技术》（*Nature Biotechnology*）一项研究中，中国科学院遗传与发育生物学研究所高彩霞团队及其合作者报告了一种模块化的、无 CRISPR 的碱基编辑系统，称为 CyDENT，可以在植物和人类细胞的细胞核、线粒体和叶绿体基因组中实现有效的碱基编辑。CyDENT 碱基编辑器的开发扩展了用于细胞核和细胞器基因组编辑的精确基因组编辑技术套件，从而促进了更好的遗传设计。

该策略允许在没有 Cas9 引导 R 环结构的情况下编辑单链 DNA，因此无需 dsDNA 脱氨酶即可实现碱基编辑。由于整个 CyDENT 复合物不含 RNA，因此该基因组编辑系统能够在细胞核和细胞器基因组中进行链特异性碱基编辑。研究人员评估了水稻原生质体细胞核和叶绿体靶位点以及 HEK293T 细胞线粒体位点的 CyDENT 碱基编辑。在具有高链特异性的线粒体基因组中，有效的碱基编辑被证明具有高达近 40%的编辑效率。使用同一团队开发的新发现的

ssDNA 脱氨酶，实现了 TC 或 GC 基序的编辑，证明了 CyDENT 系统的灵活性和模块化。

（来源：*Nature*）

日本开发新型工具用于评估基因编辑设计风险

日本广岛大学的研究人员开发了一种名为“危险分析”（DANGER analysis）的软件分析工具，作为初步筛选工具，可以最大限度地评估表型风险。该工具为在具有转录组的生物体中更安全的基因编辑设计提供了新方法。相较使用 CRISPR 技术进行基因编辑，DANGER analysis 使研究人员可以在没有参考基因组的情况下进行更安全的靶向和脱靶评估，在医学、农业和生物研究领域都具有应用潜力。相关研究结果发表于《生物信息学进展》（*Bioinformatics Advances*）。

该团队使用人类细胞和斑马鱼大脑的基因编辑样本，在 RNA 测序数据中进行规避风险的中靶和脱靶评估，证明了 DANGER analysis 可以实现多个目标。它使用 RNA 测序数据检测基因组 mRNA 转录区域中潜在的 DNA 靶点和脱靶位点，根据基因表达变化提供的证据评估有害脱靶位点的表型效应。它在基因本体术语水平上量化了表型风险，无需参考基因组。该工具可以对各种生物体、个体人类基因组以及疾病和病毒产生的非典型基因组进行危险分析。此外，DANGER analysis 为开源工具，并可自由调整，流程的算法可以重新用于分析 CRISPR/Cas9 系统之外的各种基因编辑系统。

（来源：广岛大学）

美国开发 FLSHclust 算法，发现 188 个新的 CRISPR 基因编辑系统

测序数据库的系统挖掘可用于发现许多功能系统和蛋白质家族。然而，当前的序列挖掘技术无法跟上包含数十亿蛋白质的数据库的增长，限制了稀有蛋白质家族和关联的鉴定。美国麻省理工学院和哈佛大学博德研究所等机

构开发了基于快速位置敏感散列的聚类算法（FLSHclust），是一种万亿深度级聚类。该算法可以在线性时间内对海量数据集执行深度聚类。研究团队在CRISPR发现流程中应用了FLSHclust，并鉴定了188个以前未报道的CRISPR相关系统，包括许多罕见的系统。相关研究结果11月23日发表于《科学》（*Science*）。

该研究将FLSHclust纳入CRISPR发现流程中，并鉴定了188个以前未报道的CRISPR相关基因模块，揭示了许多与适应性免疫相关的其他生化功能。该研究通过实验表征了3种含HNH核酸酶的CRISPR系统，包括第一个具有特定干扰机制的Ⅳ型系统，并对它们进行了基因组编辑。该研究还鉴定并表征了一种候选的Ⅶ型系统，显示了它对RNA的作用。这项工作为利用CRISPR和更广泛地探索微生物蛋白质的巨大功能多样性开辟了新的途径。

（来源：ISAAA）

数字育种技术

美国开发高效泛基因组分析网络工具 BRIDGEcereal

近日，美国农业部农业研究局李显然课题组，联合华盛顿州立大学和爱荷华州立大学多个课题组，开发了高效易用的泛基因组分析网络工具 BRIDGEcereal。该工具涵盖五大谷物（小麦、玉米、水稻、高粱和大麦）共 120 个品系的公共泛基因组数据，通过图形界面输入基因号或编码序列即可方便地查绘目标基因的插入缺失多态性。

BRIDGEcereal 架构包括无监督机器学习的新算法 CHOICE（Clustering HSPs for Ortholog Identification via Coordinates and Equivalence）和 CLIPS（Clustering via Large-Indel Permuted Slopes）。通过设计这两种新算法，研究团队将 BRIDGEcereal webapp 构建成一站式门户，可有效挖掘可公开访问的谷物泛基因组，为 QTL/GWAS 区间内的候选基因优先排序提供额外证据，探索全谱多态性，进一步促进了泛基因组在基因克隆、作物改良中的应用。研究结果 6 月 5 日发表于《分子植物》(*Molecular Plant*)。

（来源：Agropages）

美国科学家利用新技术从 3D 层面对植物基因成像

美国索尔克生物学研究所的科学家开发出一种新的成像技术，能以前所未有的分辨率，在 3D 层面捕捉植物内部世界，为了解植物如何应对气候变化，培育气候适应能力更强的作物打开了大门。相关研究成果 6 月 12 日发表于《自然-植物》(*Nature Plants*)。

这项新技术被称为 PHYTOMap（基于植物杂交的基因表达图谱定向观察），能够以 3D 方式绘制植物某一部位（如根尖）的各种细胞类型特异性基因，使研究人员无需对植物进行任何遗传学修饰，能够同时研究数十种基因，了解哪些细胞表达这些基因，这些细胞之间如何相互影响，以及组织结构如何影响这些细胞等，并进而利用这些信息来改善作物，预测植物对气候变化的反应，还可以借此观察植物与周围的微生物之间的相互作用。PHYTOMap

使植物组织中的细胞可视化变得更加容易，无须改变植物的基因构成，也无须用彩色标记细胞，有助于更进一步理解正常发育过程中和各种环境条件下植物基因之间的复杂作用，为物种培育等提供关键信息。

（来源：*Nature*）

水稻全生育期表型分析方法研究新进展

中国科学院遗传与发育生物学研究所作物表型组学研究中心和华中农业大学杨万能团队开发了一种新策略，获取并分析水稻整个生育期的58个基于图像的性状（I-traits）。研究成果5月24日发表于《植物表型学》（*Plant Phenomics*）。

这项研究建立了多品种水稻全生育期多维度、多尺度表型图像的采集体系，利用深度学习等技术获取了全生育期的表型组学大数据，通过对图像性状进行加工及生物学注释获取了数字化表征水稻全生育期的58个图像性状（I-traits）。通过进一步的分析水稻产量表型变异的84.8%可用这些I-traits解释；水稻不同群体结构和不同育种区域间表型性状的差异表现出良好的环境适应性，作物生长发育模式在育种区域纬度上也表现出较高的亲和性。通过与重测序数据的关联分析，共检测到285个与I-traits相关的数量性状位点，并在时间和器官维度上对I-traits进行主成分分析，结合全基因组关联分析挖掘水稻动态生长发育相关候选基因。该研究开发的基于图像的水稻表型获取和分析策略为整个生育期作物表型的提取和分析提供了一种新的方法和不同的思考方向，为未来水稻的遗传改良提供有用的信息。

（来源：Agropages）

美国NSF新项目利用人工智能操控转基因辣椒性状

美国西弗吉尼亚大学（WVU）一项最新研究尝试利用人工智能控制转基因哈瓦那辣椒的大小、颜色和味道。科学家们正在探索人工智能在基因工程中可以发挥的作用，并计划在未来通过人工智能操控基因，进而预防或治疗遗传疾病。美国国家科学基金会（NSF）拨款25万美元支持这一为期3年的项目。

目前，研究团队已对约240种辣椒进行种植和基因组测序，正在使用计算方法研究决定辣椒性状的基因，通过修改、增强或抑制这些基因来“改造”辣椒。他们将根据现有基因组数据，利用人工智能进行预测，随后将通过生物实验予以验证。研究人员在确定如何使用哈瓦那的基因型设计其“表型”后，将进一步研究这些表型与人类味觉之间的关系。

研究人员指出，这项研究使科学家能够在大范围内开展跨学科合作，专注于利用人工智能实现共同利益，推动在“关联模式发现”相关领域（开发性状优良的辣椒品种，以及更广泛地解决机器学习问题）人工智能知识的发展。

（来源：WVUTODAY）

韩国通过普及数字影像分析技术支持植物新品种开发

近日，韩国国家种子资源库和韩国电子技术研究院签署了关于数字影像分析开发合作协议，积极支持植物新品种保护制度和民间品种培育。该协议旨在研究基于影像的作物特征，开发无人机影像包装检查自动判读技术，开展数字影像分析项目的民间教育和国内普及活动。

目前，国家种子资源库已采用将植物特性数字化的影像分析技术，并向500多名育种领域专家免费推广该项目，支持他们用于系统选育和品种研究。此外，两家机构根据产业需求，正在开发非破坏性影像分析程序，即在没有收获果实的情况下，对不同生育阶段的植物特性进行调查，并与韩国农村振兴厅和京畿道农业技术院、种子企业等品种培育机构建立合作体系，推动影像分析开发和技术评估的发展，使项目更加符合民间需求、更具有普适性。

（来源：韩国农业、食品和农村事务部）

美国开发植物育种可视化新工具

美国得克萨斯农工大学研发了一个植物育种新工具VIEWpoly，该工具是对现有多倍体作物遗传分析计算工具的重要补充，可用于查看、探索和挖掘多种遗传分析工具的分析结果，该工具的使用将对研究和分析植物基因组的方式、设计品种改良育种策略产生重大影响。

VIEWpoly 的优势在于：一是提供多倍体遗传结构的可视化图谱。VIEWpoly 可为用户提供 QTL 浏览、基因组浏览和图谱浏览 3 种浏览方式，以满足不同的用户需求，使他们能够分析数量性状、探索遗传关系并检查连锁图谱。二是强化了遗传工具和技术，使其能够利用基因组信息，加快各种多倍体育种计划中的遗传增益速度，加速更高质、高产和更具适应力的品种更新。这些工具通过定位特定的表型性状，并将其与相关 DNA 联系起来，绘制出多倍体的基因组图谱。该工具适用于一系列多倍体作物，如四倍体（如玫瑰、土豆和黑莓等）、六倍体（如红薯等），以及八倍体（如草莓等）。三是 VIEWpoly 扩展了通过美国农业部食品与农业研究院（USDA-NIFA）“特种作物研究计划”资助项目创建的遗传分析工具，该项目成员包括来自美国阿肯色州、缅因州、纽约州、北卡罗莱纳州、俄勒冈州、宾夕法尼亚州、得克萨斯州、华盛顿州和威斯康星州，以及荷兰和新西兰的学者。

（来源：Agropages）

植物育种

中国农业科学院研究团队建立多倍体植物加速演化模型

近期，中国农业科学院蔬菜花卉研究所种质资源团队在人工合成的萝卜×甘蓝（RRCC）异源四倍体中建立了基因组加速演化的研究模型，揭示了异源多倍体植物基因组早期演化特征，通过基因编辑促进了同祖染色体重组和染色体剔除，首次诱导了能使配子迅速降倍的次级减数分裂。同时，在精细位点上实现了基因定点转换，创制了目标位点嵌合新基因。该研究创制的人工多倍体演化模型为遗传研究和育种提供了关键平台，研制的染色体重组技术、基因定点转换和新基因诱导技术为作物基因设计提供了重要工具。

研究结果揭示了新合成的异源多倍体基因组演化规律，首次建立了基因组加速重组、高效剔除、快速降倍的研究模型，并创建了同源基因精准转换以创造新基因的技术。该结果在多倍体人工演化研究、种质资源创新和遗传育种领域具有广阔应用前景。这一革命性新技术将突破亲缘关系对种质资源可用性的制约，创制具有远缘优势的新品种、新材料和新基因。研究成果2022年12月30日发表于《核酸研究》（*Nucleic Acids Research*）。

（来源：foodmate. net）

我国科学家利用定向人工进化策略创造葫芦科瓜类作物紧凑株型

近期，中国农业科学院蔬菜花卉研究所蔬菜功能基因组团队联合国内多家合作单位，针对葫芦科瓜类作物遗传基础狭窄难以获得紧凑株型的问题，提出了一种定向的人工进化策略来创造葫芦科瓜类作物的全新紧凑株型，大幅提高了葫芦科瓜类作物的生产效率，显著节省了劳动力的投入。研究成果于2022年12月13日发表于《自然-植物》（*Nature Plants*）。

研究团队在2 000多份南瓜种质中寻找到唯一一份由显性单基因控制的中国南瓜矮化种质。图位克隆和遗传验证揭示南瓜 *CmoYABBY1* 基因的5′UTR上一段76bp的缺失，通过增强 *CmoYABBY1* 的蛋白翻译水平，使得南瓜主茎极度缩短。利用基因编辑工具对黄瓜和西瓜中的B-region进行靶向删除，创造出B-region各种不同的缺失形式，不同程度地增强了YABBY1的翻译量，进而不同程度地缩短了黄瓜和西瓜的主茎长度，从而实现了茎长的精细调节。根据不同瓜类作物的不同栽培模式，研究团队将基因编辑获得的新等位基因植株进行精确配置，发现基因编辑的矮化植株可以显著提高单位面积产量或显著降低劳动力成本。

（来源：中国农业科学院网站）

我国取得玉米分子育种重大研究进展

日前，中国农业科学院、北京市农林科学院和华南农业大学等组成的研究团队在构建玉米核心自交系泛基因组、解析玉米杂种优势形成机理方面取得重大进展。研究结果1月16日在线发表于《自然-遗传学》（*Nature Genetics*）。

杂交玉米表现出优越的杂种优势，占全球谷物总产量的30%以上。然而，杂种优势的分子机制尚不清楚。这项研究证明亲本之间的结构变异体（SV）在支撑玉米杂种优势方面具有主导作用。研究团队对12个玉米骨干自交系（FIL）的从头组装和分析揭示了这些FIL之间丰富的遗传变异，并通过表达数量性状位点和关联分析，确定了几个有助于各种杂种优势群的基因组和表型分化的SV。该研究为杂种优势下遗传互补的普遍作用提供了具体的基因组支持，此外，还获得了*ZAR1*和*ZmACO2*中的SV以超显性方式促进产量杂种优势的证据。该研究组装的玉米基因组将会对玉米研究和育种效率的提高产生关键推动作用。

（来源：*Nature*）

英国发现植物获得持久免疫力的机制

近日，英国谢菲尔德大学的科学家发现了植物对胁迫产生长期免疫力的机制。这一发现解释了植物如何“记忆”先前攻击的应激机制，这种长期记忆被编码在一个“垃圾 DNA（DNA 中不编码蛋白质序列的片段）”家族中，该家族可以使防御基因在数周内抵御进一步攻击。

研究结果表明，这种获得性免疫受表观遗传机制控制，涉及由转座子 AtREP2 家族产生的小 RNA 分子，这些分子与小 RNA 结合蛋白 AGO1 相连。载有 RNA 的 AGO1 蛋白随后启动远距离防御基因，以便对随后的胁迫做出更快、更强的反应。该研究提供了第一个植物持久免疫记忆模型，并展示了对特定垃圾 DNA 家族的表观遗传修饰如何使植物免受害虫的进一步损害。这些发现将帮助育种者制定新的育种策略，通过选择具有增强免疫力的植物，减少对有害杀虫剂的依赖。团队研究结果 1 月 5 日发表于《自然-植物》（*Nature Plants*）。

（来源：*Nature*）

UNIGE 发现种子根据外界温度触发发芽的机制

种子的热抑制作用，即在高温条件下种子萌发受到抑制，能够防止种子在不利环境条件下萌发而影响幼苗的存活。热抑制与物候和农艺息息相关，需要进行精细控制。近日，瑞士日内瓦大学（UNIGE）的研究团队发现拟南芥种子的热抑制并非由胚自主性控制，而是通过胚乳来实现的，这是一项种子根据外界温度触发发芽的机制，是气候适应性作物培育的一项重要发现。

胚乳中的 phyB 会感知高温，然后加速其从激活态 Pfr 转变为非激活态 Pr。这会导致由 PIF1/3/5 等 PIFs 介导的热抑制。胚乳中的 PIF3 能够抑制胚乳中 ABA 代谢基因 *CYP707A1* 的表达，从而促进胚乳中 ABA 的积累以及向胚的释放，进而阻断胚的生长。此外，胚乳中的 ABA 能够抑制胚中的 PIF3 积累，而 PIF3 又是胚生长的促进因子。因此，在高温条件下，PIF3 在胚乳和胚中存在完全相反的生长响应，更好地了解光照和温度如何触发或延迟种子发芽将有助于优化各种气候条件下的植物生长。研究结果 3 月 7 日发表于《自然-通讯》（*Nature Communications*）。

（来源：*Nature*）

日本培育出富含甜菜碱的番茄

据日本东京理科大学（TUS）和岩手生物技术研究中心报道，该合作小组的科学家通过对番茄进行基因改造以产生紫甜菜素（β-cyanin），培育出富含甜菜碱的番茄品种，未来有望成为治疗各种疾病以及保健食品的潜在原料。

作为植物色素，甜菜碱目前仅在石竹目植物（包括仙人掌、康乃馨、苋菜、冰菜和甜菜）和高等真菌中产生。这种含氮的水溶性植物色素会让蔬果呈现红紫色或黄色，且经常用作食用色素。通过代谢工程，对可培养的非石竹目植物进行基因改造，将提高这些色素的产量和可扩展性。

转基因甜菜碱积累植物的相关研究已有多年，但在保健食品原料应用上仍有待探索，因此，日本科学家希望通过基因改造番茄来生产更稳定的甜菜碱。科学家指出，甜菜碱工程将成为改善健康食品商业生产的潜在途径，有利于促进食品供应，并对消费者健康有益。

（来源：thepacker. com）

美国研究团队专注开发捕获碳的CRISPR作物

由诺贝尔奖获得者 Jennifer Doudna 创立的，位于美国加州的创新基因组学研究所（Innovative Genomics Institute，IGI）正在利用 CRISPR 技术改造植物，旨在增强生物的碳固定能力，使其能从空气中吸收 CO_2 并储存回土壤，从而促进碳平衡，防止 CO_2 在大气中的进一步积累。该研究得到陈-扎克伯格基金会（Chan Zuckerberg Initiative）1 100万美元资助。该项目以水稻和高粱为供试植物开展研究，3 个工作组分别专注于碳捕获的不同阶段：一是大气中的碳固存研究。具体涉及利用基因工程或 CRISPR 基因编辑来调节光合作用的过程。研究聚焦可以改善光合作用的基因，计划通过设计的高通量筛选平台将光合作用效率提高 30%~50%。二是植物碳流动研究。主要涉及增加根系深度并确保封存的碳有去处。研究团队已培育出根系相对较深的水稻和草本植物品种，新品种的根系比高产品种至少深 30%~40%。此外，通过有效敲除单一基因，还创建了数千个水稻突变体库。三是碳在土壤中的保留。这部分研究主要与已离开植物根部的碳捕集相关。IGI 团队正在重建能够主动汲取植物分泌碳的微生物组的基因组，并对帮助碳附着在土壤中的无机和矿物沉淀物上的黏性分子进行研究，以探索减少土壤碳流失的方法。

（来源：genengnews. com）

IPK 研究人员利用 TurboID 在拟南芥中发现新的减数分裂蛋白

减数分裂重组确保了育种过程中的遗传变异。近日由德国莱布尼茨研究所（IPK Leibniz Institute）领导的国际研究小组报告了基于生物素连接酶 TurboID 在拟南芥减数分裂染色体轴附近识别蛋白质的应用，除了已知的减数分裂染色体轴相关蛋白外，还发现了在减数分裂过程中起作用的新蛋白。研究结果发表于《自然-植物》（*Nature Plants*）。

在模型植物拟南芥中，轴相关蛋白 ASY1 和 ASY3 对于突触和减数分裂重组至关重要。研究小组应用了一种改进的 BioID，称为 TurboID，用于减数分裂染色体轴的近距离标记。将 TurboID 与轴相关蛋白 ASY1 和 ASY3 融合，以确定它们在拟南芥中的近距离相互作用体。最终鉴定了 39 个 ASY1 和（或）ASY3 近似候选者。该研究对于进一步深入了解植物减数分裂染色体轴的组成和调控具有重要意义。

（来源：*Nature*）

中国科学院揭示棉酚对映异构体生成机制并创制棉籽低毒新材料

近期，中国科学院分子植物科学卓越创新中心陈晓亚研究组鉴定并表征了棉花中控制左旋和右旋棉酚生物合成的关键蛋白，通过基因编辑选择性去除了对哺乳动物有害的左旋棉酚，获得了低毒或无毒棉籽，且并不显著影响棉花的抗虫能力。该工作首次实现了通过基因编辑特异选择化合物对映异构体，为复杂天然产物的不对称合成开辟了新途径，对作物遗传改良和分子设计育种具有重要意义。研究结果 3 月 17 日在线发表于《自然-植物》（*Nature*

Plants）。

研究团队通过生物信息学分析，发现两个引导蛋白（DIR）基因 *GhDIR5* 和 *GhDIR6* 与已知棉酚合成途径基因共表达。研究显示，通过 CRISPR-Cas9 介导的基因编辑技术敲除 *GhDIR5*，可阻止棉籽中左旋棉酚的形成，而右旋棉酚和其他结构类似的萜类化合物水平没有显著变化，因而棉花抗虫性得以保留。通过该研究获得的改良品种为棉籽蛋白和棉籽油的安全利用开辟了新途径，且对利用合成生物学选择性操纵轴手性异构体的形成具有重要的参考价值。此外，*GhDIR5* 可用于工业化生产左旋棉酚，为制备抗精子、抗病毒和抗肿瘤药物前体提供了新的技术路线。

（来源：中国科学院）

英国 UCL 通过基因组监测鉴定出新的小麦病害真菌菌株

病虫害可能导致全球小麦减产 20%以上。英国伦敦大学学院（UCL）领导的一项新研究表明，基因组监测可能是一种有效的病害管理工具，可以帮助追踪新兴作物病害的谱系，并确定培育抗病品系的遗传特征。研究成果 4 月 11 日发表于《PLOS 生物学》（*PLOS Biology*）。

研究人员对小麦瘟病真菌的基因组进行了基因分型和测序，并测试了不同品系小麦对瘟病真菌的遗传抗性和对杀菌剂的敏感性。通过对基因组的监测，他们发现最近在亚洲和非洲出现的麦瘟病是由麦瘟真菌的单一无性系引起的，而赞比亚和孟加拉国的疫情来自独立源头。研究还表明，携带 *rm8* 基因的小麦品种对这种真菌菌株具有抗性，而且这种真菌对甲氧基丙烯酸酯类杀菌剂敏感。这些发现强调了基因组监测能够帮助植物育种家更有效地选择性状来培育抗病品系。当前迫切需要进行基因组监测，以跟踪和减轻南美洲以外小麦瘟病的传播，并前瞻性地指导小麦抗瘟病育种。

（来源：英国伦敦大学学院）

国际研究团队揭示改善作物生长新方法

英国利物浦大学和中国华中农业大学的科学家领导的研究揭示了一种改

善作物生长的新方法。研究团队利用合成生物学和植物工程技术改善光合作用，创建了一个可以大规模使用的模板。研究结果 4 月 25 日发表于《自然-通讯》（*Nature Communications*），论文详细介绍了科学家团队通过改进光合作用中将 CO_2 转化为能量的关键酶 Rubisco，以获得更高的光合效率。Rubisco 通常效率低下，限制了主要作物的光合作用。然而，包括细菌在内的许多微生物已经进化出了高效的系统，称为“二氧化碳浓缩机制”。受此启发团队成功地将一种从细菌中提取的催化速度更快的 Rubisco 转入烟草植物细胞，进行光合作用以支持植物生长。新方法提高了 Rubisco 的稳定性和将 CO_2 转化为能源的能力。该方法有望提高植物吸收 CO_2 的能力，有助于支持全球应对气候变化。

（来源：英国利物浦大学）

中国农业科学院揭示大豆根瘤基因表达的动态特征

近日，中国农业科学院大豆优异基因资源发掘与创新利用创新团队与南方科技大学合作，首次在单细胞水平解析了大豆根瘤成熟过程中基因的表达动态变化，并在未成熟的根瘤侵染细胞中成功鉴定到了一组参与根瘤成熟和根瘤固氮的细胞亚型。相关研究成果发表于《自然-植物》（*Nature Plants*）。

豆科植物与根瘤菌共生互做形成根瘤组织，可以固定大气中的氮气供宿主植物利用。根瘤组织较其他组织更为复杂，因此，如何获得根瘤不同细胞类型的基因结构和基因表达状态也极具挑战。研究人员成功揭示了大豆根瘤组织单个细胞的基因结构和基因表达状态，构建了大豆根瘤的单细胞转录图谱。该研究不仅成功鉴定出了根瘤菌侵染细胞和非侵染细胞中基因的差异特征，同时揭示了大豆根瘤不同类型细胞在发育和功能上时空分化过程，并在根瘤菌侵染细胞中成功鉴定出了一组参与根瘤成熟以及根瘤固氮的过渡细胞亚型。该研究为大豆共生固氮的机理解析以及大豆结瘤固氮效率的改良提供了新的研究思路和重要的数据资源。

（来源：中国农业科学院网站）

遗传发育所在小麦再生研究方面取得进展

为了更好地理解小麦再生过程，探究其转录和染色质动态变化，以及鉴定提高小麦转化效率的新基因，中国科学院遗传与发育生物学研究所和山东农业大学的研究团队联合利用 RNA-seq、ATAC-seq、CUT&Tag 等技术手段，通过多组学联合分析方式绘制了小麦再生过程的转录及染色质动态图谱，并搭建了一个顺序的转录调控网络，最终通过与拟南芥再生过程进行比较分析，鉴定出两个能提高小麦遗传转化效率的新因子。研究成果 5 月 4 日在线发表于《自然-植物》（*Nature Plants*）。

研究人员通过聚类分析发现小麦再生过程中存在顺序的基因表达，并且这种顺序的基因表达与染色质可及性高度相关。因此，研究人员利用 RNA-seq 和 ATAC-seq 数据搭建了一个转录调控网络，该网络中不同聚类的基因之间存在顺序的调控关系。研究从中鉴定到 446 个核心转录因子，并推测它们可能参与介导小麦遗传转化效率的品种差异。研究发现，在小麦中最早被激活的为 DOF 和 G2-like 家族成员，经测试的两个 DOF 家族转录因子能够显著提高小麦多个品种的愈伤组织诱导率和遗传转化效率，可以应用于小麦遗传转化过程中。

（来源：中国科学院）

美国国家实验室绘制植物基因调控路线图

近日，美国能源部劳伦斯伯克利国家实验室（Berkeley Lab）首次开发了一种基因组规模的方法来绘制转录因子的调节作用，这些蛋白质在基因表达和决定植物生理性状中发挥着关键作用。这项工作揭示了基因调控网络研究的盲区，并确定了一个新的 DNA 片段库，将用于植物基因工程的改进和优化。研究成果 6 月 21 日发表于《细胞系统》（*Cell Systems*）。

这项研究对超过 400 个拟南芥调节因子的预警效应结构域进行了系统性表征，以评估其在调节中发挥作用的能力。研究证明，调节效应活性数据可以整合到基因调节网络中，深入揭示基因表达模式背后的功能动态性。此外，该研究进一步展示了鉴定的结构域在基因工程中的应用潜力，并揭示了植物转录激活因子与远缘真核生物共享的调控特征。研究结果为系统性分析调控因子在基因组范围内的调控、深入理解生物系统的调控作用提供了框架。

（来源：Berkeley Lab、*Cell*）

中国农业科学院揭示水稻协调生长发育与耐逆新机制

近日，中国农业科学院作物科学研究所万建民院士团队与南京农业大学水稻所合作，解析了 OsSHI1 作为一个转录调控中枢，通过整合多种植物激素途径，进而协调水稻生长及耐逆的分子机制。该研究为协同改良农作物株型及耐逆性提供了重要基因资源和理论依据。研究成果 5 月 18 日在线发表于《植物细胞》（*The Plant Cell*）。

在前期研究中，该团队通过一个水稻株型发育突变体 *shi1*（short internode1）克隆了水稻株型发育调控基因 *OsSHI1*，并初步阐明其通过影响 IPA1 转录活性进而控制水稻分蘖及穗分枝的分子机制。研究进一步发现，*shi1* 突变体表现出对生长素敏感性降低、对油菜素内酯不敏感以及对脱落酸高度敏感等激素表型。*OsSHI1* 可以直接调控生长素、油菜素内酯合成相关基因，如 OsYUCCAs 和 D11 以及脱落酸信号调控基因 *OsNAC2* 表达，最终实现对 3 类激素信号的调控。反之，上述激素也可通过其关键响应因子如 ARF、bZIP 及 LIC 等来调控 *OsSHI1* 的表达。此外，*OsSHI1* 也可直接抑制自身编码基因的转录。这些结果表明，*OsSHI1* 作为一个转录调节中枢，通过整合多种植物激素的生物合成与信号转导以及它们之间的反馈调节，最终协调水稻生长及耐逆过程。

（来源：中国农业科学院作物科学研究所）

“跳跃基因”帮助植物适应极端温度和病原体

日本冲绳科学技术研究所（OIST）和日本现代研究所（RIKEN）可持续

资源科学中心的一项最新研究表明，跳跃基因或转座子是DNA的一部分，可以自我复制并在基因组的不同部分之间跳跃，可能有助植物适应压力和不断变化的条件。研究人员通过长读长直接RNA测序和专用生物信息学流程ParasiTE发现，模式植物拟南芥表达了数千种常规基因和跳跃基因之间的杂交体。植物会改变这些杂交基因的表达，以应对过热或病原体等环境压力。这项研究更广泛的意义在于，转座子可以通过改变DNA序列并调节其表达和稳定性以复杂的方式调节其相关基因，这对于植物生命及其对不断变化的环境条件的反应可能至关重要，将有助于开发抗逆作物。研究结果6月5日发表于《自然-通讯》（*Nature Communications*）。

（来源：日本冲绳科学技术研究所、*Nature*）

广谱高抗根肿病基因“卫青”的克隆及机制研究获进展

根肿病是油菜等十字花科作物农业生产上为害较大的病害之一。根肿菌在土壤中可存活20年，耕地一旦被污染，将不再适合种植十字花科作物。中国科学院遗传与发育生物学研究所陈宇航和周俭民合作团队，克隆了广谱抗根肿病基因*WeiTsing*（*WTS*，卫青）并阐明了其作用机制。*WTS*介导植物对多种根肿菌的抗性，在十字花科作物抗根肿病育种中有良好应用前景。相关研究成果6月8日发表于《细胞》（*Cell*）。

研究表明，植物不仅可以通过传统的抗病小体激活钙信号，而且能利用NLR家族以外的其他蛋白组装成全新的离子通道来激活钙信号和免疫反应。不同于质膜定位的抗病小体，WTS复合物定位于内质网，表明其为钙离子释放通道，这是在植物中首次发现钙离子释放通道；此外，WTS在根部特异细胞层的诱导和作用方式，对其他土传病害抗性机制的研究有重要借鉴意义。

（来源：中国科学院）

新发现的蛋白质可调节植物细胞中纤维素的产生

纤维素是植物细胞壁的组成部分，是食品、纸张、纺织品和生物燃料的重要来源。美国宾夕法尼亚州立大学领导的研究团队发现一种蛋白质，它可以改变产生纤维素的细胞机制。这一新发现将有助于设计更稳定的、富含纤维素的生物燃料和其他功能材料。研究结果 7 月 11 日发表于《新植物学家》（*New Phytologist*）。

这项研究发现了一种名为钙依赖性蛋白激酶 32（CPK32）的蛋白质，并证实它对纤维素合酶复合物中的一种蛋白质进行化学修饰，最终有助于调节纤维素生物合成过程。研究团队利用酵母双杂交、蛋白质生物化学、遗传学和活细胞成像来揭示 CPK32 在拟南芥纤维素生物合成调节中的作用，并指出，通过调节纤维素合酶复合物的稳定性，也许能够促使细胞产生更长的纤维素链，并最终设计出富含纤维素的材料。该研究得到了美国能源部资助的能源前沿研究中心、宾夕法尼亚州立大学和美国国家科学基金会的支持。

（来源：宾夕法尼亚州立大学）

中国农业科学院团队揭示 lncRNA 调控玉米耐受低磷胁迫新机制

尽管土壤中存在大量的磷，但磷在土壤中的扩散系数低、易被土壤固定，导致磷在大多数土壤中的生物有效性极差。植物在长期的进化过程中形成了一系列适应低磷胁迫的机制，例如磷响应基因的表达。多个研究证实 miR399-PHO2 调控通路在植物适应磷胁迫中起到重要作用，除 PHO2 外，生物信息分析表明磷转运蛋白（PHT）也是 miR399 的靶基因。传统观点认为 miRNA 在转录后或翻译水平负调控靶基因的表达，这与缺磷胁迫同时诱导 miR399、PHTs 的表达矛盾。

中国农业科学院李文学研究员团队系统研究了长链非编码 RNAPILNCR2、miR399 与 PHTs 的关系，发现 PILNCR2 通过干扰 miR399 对 PHTs 的切割，进而平衡磷胁迫下玉米的生长与磷素的吸收。研究揭示了 PILNCR2、ZmPHT1s 和 ZmmiR399 之间的互作关系，并详细解析了这种互作关系在玉米耐受低磷胁迫中的作用机制。该研究不仅有助于理解 lncRNA 在植物适应养分胁迫中的作用，也为理解 lncRNA 影响植物 miRNA 功能提供了新思路。研究成果 6 月 1 日在线发表于《分子植物》（*Molecular Plant*）。

（来源：*Molecular Plant*）

基因编辑改善水稻籽粒品质降低热应激

水稻在成熟阶段会受到夜间高温影响，由于热应激，它会表现出一种被称为“垩白”的状况。垩白是指水稻颗粒由于淀粉浓度降低而变得不紧密，进而导致稻米的出米率、烹饪质量和整体市场价值的降低。美国阿肯色大学的一项研究介绍了如何通过基因编辑降低粳稻品种的垩白度，可能为由高温引起的白垩和遗传原因导致的白垩提供一种补救办法。研究成果5月31日发表于《植物杂志》(*Plant Journal*)。

研究人员特别针对一种编码液泡 H^+ 易位焦磷酸酶（V-PPase）的基因进行研究，这种酶已知在增加谷物垩白度方面发挥作用。利用 CRISPR-Cas9 基因编辑技术，该团队能够通过编辑控制 V-PPase 表达量的启动子元件来减少 V-PPase 的表达。突变的水稻品系垩白度降低至原来的1/15～1/7，从而增加了粒重。即使在夜间温度升高的情况下，该结果依然成立。总体而言，突变品系的特点是淀粉颗粒堆积更紧密，形成半透明（而不是白垩质）的稻米颗粒，表明稻米质量明显改善。该研究成果已申请专利。

（来源：阿肯色大学）

利用 CRISPR/Cas9 首次对洋葱性状进行基因编辑

印度洋葱和大蒜研究中心（ICAR）和美国爱荷华州立大学的一项联合研究报告了首次成功利用 CRISPR/Cas9 基因编辑技术改变了洋葱性状。研究论文7月29日收录于《前沿》(*Frontiers*)。

研究团队对洋葱中的植物烯去饱和酶基因（*AcPDS*）编码的两个外显子进行了靶向研究。使用2月龄的胚性愈伤组织和农杆菌介导的转化来开发携带 sgRNA 的结构体。培养结构体以产生具有白化、嵌合和淡绿色特征的再生芽。白化表型被用于进一步的测试，以确认 *AcPDS* 基因被成功编辑，该突变导致白化芽中叶绿素含量的急剧降低。据称，这是首次在洋葱中成功建立以 *AcPDS* 基因为例的 CRISPR/Cas9 介导的基因组编辑方案。这项研究为进一步开展洋葱的基础和应用研究提供了支持性证据。

（来源：ISAAA）

水稻平衡抗病和耐热性的机制研究取得进展

中国科学院分子植物科学卓越创新中心联合云南大学生命科学中心、中国科学院遗传与发育生物学研究所完成的一项研究揭示了 OsSGS3-tasiRNA-OsARF3 模块平衡水稻耐热性和抗病性的机制。研究结果 7 月 24 日发表于《自然-通讯》（*Nature Communications*）。

在栽培过程中，水稻常受到各种生物及非生物胁迫的危害。其中，由真菌 *Magnaporthe oryzae* 引起的稻瘟病和由细菌 *Xanthomonas oryzae* pv. *oryzae*（Xoo）引起的白叶枯病，可引起水稻大幅度减产，成为全球粮食安全的隐患。

该研究通过诱变水稻筛选获得了一个对温度敏感的突变体 *tsp*（thermosensitive abnormal palea）。该突变体在田间高温下表现出颖壳发育异常且产量严重降低的表型。研究通过图位克隆结合重测序的方法鉴定了该突变基因为 *OsSGS3a*，编码了拟南芥 AtSGS3 的同源蛋白。研究通过小分子 RNA 测序联合转录组测序发现，*OsSGS3a* 介导反式作用 siRNA 中的 tasiR-ARF 的生物合成，进而负调控其靶基因 *OsARF3* 的表达。进一步研究发现，高温导致 OsSGS3 蛋白的降解，与此前研究发现 AtSGS3 蛋白对高温的响应促进生殖生长而抑制抗病性在蛋白动态上一致，但抗病上相反，暗示 SGS3 蛋白丰度受高温调控可能是保守的机制，与单双子叶植物抗病表型不一样。OsSGS3a/b 突变体对高温更为敏感，而过表达材料则表现出更耐高温的表型。此外，OsSGS3a 突变体表现出对水稻稻瘟病和白叶枯病更强的抗病性，而 OsSGS3a/b 的过表达材料对白叶枯病的抗性减弱，暗示着 OsSGS3 正调控水稻的耐热性但负调控其抗病性。研究发现，tasiR-ARF 的靶标 *OsARF3a/3b/la/lb* 可能通过调控活性氧稳态平衡水稻的抗热性和抗病性。该研究揭示了 OsSGS3-tasiRNA-OsARF3 模块通过正调控耐热性但负调控植物免疫从而平衡水稻的生物胁迫响应和高温应答的分子机制。这项成果加深了科学家对植物逆境响应机制的认知，并为作物的高产多抗性状改良提供了新的思路与技术途径。

（来源：中国科学院）

美国开发新的基因转入技术以改良柑橘品种

美国得克萨斯农工大学的 AgriLife 研究小组正在开发一种新的生物技术，利用“毛状根”培育和繁殖抗病柑橘（包括抗绿化病柑橘）。据美国农业部估计，仅柑橘绿化病每年就可造成 30 亿美元的损失。

研究人员利用发根根瘤菌从葡萄柚、甜橙、粗柠檬和香橼等不同柑橘品种中诱导转基因毛状根，效率可达 28%~75%，是以往柑橘转化方法的两倍甚至更高，实现了速度更快、成本更低的转化过程。在确保转基因根具有正确的遗传特性后，研究小组从中再生并克隆了几种相同的转基因植物。这一过程（发根根瘤菌介导、柑橘毛状根诱导、芽再生和繁殖）可以在约 6 个月内实现，而以往的转化方法通常需要 12~18 个月实现。这意味着研究人员将能够利用根组织更快地培育和繁殖抗病柑橘，进而开发更多抗病植物。

（来源：Agropages）

我国科学家阐明籼稻粳稻杂种不育分子机理

中国农业科学院作物科学研究所和南京农业大学的科研团队经过 13 年的合作研究，系统鉴定了引起籼稻和粳稻杂种不育的位点，深入解析其中一个最主效位点的基因克隆和遗传、分子机制，解开了水稻生殖隔离之谜，为利用亚种间杂种优势培育高产品种提供了理论和技术支撑。研究成果 7 月 26 日发表于《细胞》（*Cell*）。

研究团队首先在全基因组层面分析鉴定了引起籼稻和粳稻杂种花粉不育的主效位点，然后对位于第 12 号染色体上的一个效应最大的位点进行研究。遗传分析发现，该位点由紧密连锁的两个基因组成，可以分别比喻为“破坏者”和“守卫者”。“破坏者”对所有花粉产生伤害作用，引起花粉的败育；而“守卫者”具有阻止“破坏者”伤害的作用，因此那些遗传了该基因的花粉，因受到保护能正常发育。进一步的生化研究首次从分子层面阐明了水稻杂种不育的机理，实现了该领域里程碑式的突破。

研究人员还分析了这对基因在水稻中的起源及其分布。利用这方面的发现，可以通过分子标记辅助选择等手段规避花粉败育问题，从而推进水稻亚种间超强优势利用和高产品种的培育。研究还发现，现代水稻育种无意中将这对基因从籼稻引入粳稻后，其在粳稻种群中快速扩散，进一步说明了这对基因的“基因驱动”特性。利用这一特性，可以将优质、高抗、耐逆等优良基因与这对基因串联，“驱动”这些优良基因在后代群体中快速传播和纯合，从而大大缩短育种时间，提高育种效率。该发现为分子设计育种提供了新思路。

（来源：中国农业科学院网站）

美国将 Barnase/Barstar 雄性不育系统用于大豆杂交育种

2022 年，美国大豆产量约为 43 亿蒲式耳，比上年减少近 2 亿蒲式耳。为满足对大豆动物饲料不断增长的需求，美国农业部预计到 2032 年大豆种植面积将增加 19.6%。杂交育种是提高大豆生产力的有效手段之一，但大豆为自花授粉植物，而且是在花朵开放前进行自花授粉，很难进行杂交，因而从根本上限制了大豆的杂交优势利用。

美国唐纳德·丹福斯植物科学中心和康奈尔大学的科学家研发了一种大豆杂交关键技术。研究表明，Barnase/Barstar 雄性不育系统可用于扩增杂交结种，使大豆的杂交种质优势得以规模化实现。相关成果 2023 年 8 月 18 日发表于《植物生物技术》（*Plant Biotechnology Journal*）。

研究小组通过在大豆花药绒毡层特异性启动子下表达 Barnase，能够完全阻断花粉成熟，产生雄性不育植株。研究表明，当这些 Barnase 表达系与表达 Barnase 抑制剂 Barstar 的植物花粉杂交时，Barnase 表达株系的 F_1 代可以恢复雄性可育能力。重要的是，研究发现植株能否成功恢复雄性可育能力取决于 Barnase 和 Barstar 的相对剂量，当 Barnase 和 Barstar 在同一绒毡层特异性启动子下表达时，F_1 后代保持雄性不育。在比 Barnase 相对更强的启动子下表达 Barstar 时，能够成功恢复 F_1 代的雄性可育能力。

（来源：Agropages）

研究揭示拟南芥 NO_3^- 转运蛋白 CLCa 的调控机制

中国科学院分子植物科学卓越创新中心张鹏研究组近期发布的一项研究，揭示了核苷酸和磷脂调控拟南芥硝酸根转运蛋白 CLCa 的分子机制。相关研究成果 8 月 12 日在线发表于《自然-通讯》（*Nature Communications*）。

这项研究以拟南芥 CLCa 蛋白为研究对象，通过异源表达并纯化 CLCa 蛋白，将其重组为纳米磷脂盘（nanodiscs）以模拟其在生物膜中的天然状态，并分别解析了 CLCa 结合底物 NO_3^- 和 Cl^- 的单颗粒冷冻电镜三维结构。CLCa 形成同源二聚体，结合 NO_3^- 的 CLCa 结构的阴离子转运通道处于开放状态，而结合 Cl^- 的 CLCa 结构的孔道在膜两侧都处于关闭状态。两个 CLCa 结构均结合了 ATP 和 PI（4,5）P2 分子。结构和电生理分析揭示了 ATP 的结合会稳定一个之前未被发现的 N 端 β 发夹结构，使其堵塞阴离子转运通道，因此抑制了 CLCa 的转运活性。而 AMP 由于缺乏稳定 β 发夹结构所需的 β/γ 磷酸基团而失去抑制能力，因而可以与 ATP 竞争性结合 CLCa 从而释放其转运活性。该工作很好地解释了 CLCa 如何通过感知不同光合效率下叶肉细胞的能量状态（ATP/AMP 比例）来调节 NO_3^- 向液泡中的转运，从而维持碳氮平衡。PI（4,5）P2 或 PI（3,5）P2 分子可以结合在 CLCa 的二聚体交界面上，其肌醇头部占据了附近的质子转运通道的细胞质侧出口，可能因此抑制了 CLCa 的转运活性。这有助于理解生理状况下 PI（3,5）P2 如何通过抑制 CLCa 的转运活性，从而促进 ABA 诱导的保卫细胞液泡酸化和气孔关闭。序列分析显示核苷酸和磷脂的调控机制在植物液泡膜定位的 CLC 蛋白中可能都是保守的。研究揭示了核苷酸和磷脂在特定生理场景下调控拟南芥 CLCa 活性的分子机制，为未来改造植物 CLC 蛋白进而调控碳氮平衡以及提高水分利用效率奠定了重要的分子基础。此外，研究提示类似的机制可能也存在于其他真核生物 CLC 蛋白中。

（来源：*Nature*）

中国甘蓝显性雄性不育遗传机制最新研究进展

雄性不育长期以来一直用于作物杂交育种，对农作物增产作出了巨大贡献。然而，雄性不育的遗传基础尚未完全阐明。近日，中国农业科学院蔬菜花卉研究所甘蓝类蔬菜遗传育种创新团队克隆了甘蓝显性雄性不育基因 *Ms-cd1*，揭示了该基因的遗传调控机制。相关研究结果10月5日发表于《自然-通讯》(*Nature Communications*)。

该研究通过正向遗传学手段克隆了甘蓝显性雄性不育基因 *Ms-cd1*，发现该基因启动子区突变使其转录活性显著增强，从而导致显性雄性不育性(DGMS)。进一步研究发现，转录因子 BoERF1L 通过直接结合 *Ms-cd1* 启动子，抑制 *Ms-cd1* 的表达，从而维持正常的雄性育性。研究还对基于该显性雄性不育的杂交制种体系进行了优化升级。研究结果阐明了甘蓝显性雄性不育形成的遗传调控机理，为甘蓝杂交制种提供了理论依据。研究人员指出 DGMS 系统还可用于多种作物品种的杂交育种。

(来源：*Nature*)

日本开发具有高抗炎活性的基因编辑番茄

甜菜红素(Betacyanin)是一种甜菜碱红紫色素和水溶性天然色素，具有很强的抗氧化能力。东京理科大学和日本岩手生物技术研究中心的研究人员利用转基因番茄和马铃薯生产甜菜红素，并测试了其提取物的治疗效果。研究结果表明，转基因番茄植株比野生番茄表现出更高的抗炎特性。相关成果5月23日发表于《自然-植物》(*Nature Plants*)。

这项研究重点分析了作为模型的甜菜碱重组番茄的抗炎功能，甜菜碱因具有很高的抗氧化活性，可能对多种疾病具有疗效。研究人员对马铃薯块茎和番茄果实进行了基因改造，使其共同表达产生甜菜红素的基因。这种改造增强了这些转基因蔬菜中甜菜苷和异甜菜苷(两种常见的甜菜红素类型)的内源积累。随后的测试表明，转基因番茄果实提取物比野生番茄提取物具有更高的抗炎活性，但转基因马铃薯没有表现出相同的治疗效果。

研究人员表示，甜菜红素将有效提升市售健康食品的营养配比，并已在世界各地的食品制造业中得到应用，这些着色剂在毒理学上也是安全的，可食用、可生物降解，并且价格低廉。

(来源：tomatonews. com)

俄罗斯新研究加速高油酸向日葵育种

油酸是一种单不饱和脂肪酸，可提高油的氧化稳定性。因此，油酸含量高是油料作物的一个宝贵特性。来自 Skoltech、Pustovoit 全俄油料作物研究所（VNIIMK）等机构的研究人员发现新的可用于辅助选择的标记，能够加速高油酸向日葵育种，并提高向日葵的油酸含量。这项研究 10 月 4 日发表于 *PLOS ONE*。

向日葵通常积累亚油酸作为主要脂肪酸，但先前通过化学诱变获得了表达高油酸表型形式的突变体，并将其定位在向日葵基因组上。几项研究均表明，存在参与控制高含量油酸的额外基因，其表达可能取决于遗传背景。研究人员对 VNIIMK 收集的两个独立 F_2 组合中的高油酸性状进行了 QTL 定位，该组合涉及油酸含量高低不同的品系。应用测序分型（GBS）构建基于单核苷酸多态性的遗传图谱，并使用油酸含量的定量和定性编码进行 QTL 定位。结果发现，被评估的杂交品种油酸含量由一个主要效应位点控制。然而，两个杂交品种主基因座的显性/隐性效应不同。这项研究为每个杂交定义了一组单核苷酸多态性标记，可用于标记辅助选择。

（来源：*PLOS ONE*）

新的大豆粒重调控模块将促进大豆遗传改良和高产育种

中国科学院遗传与发育生物学研究所张劲松研究团队对来自中国不同区域的大豆品种进行转录组测序以及分析，鉴定到影响大豆种子百粒重的相关模块，并进一步挖掘出重要的调控因子。随后又基于大豆种子发育过程中基因表达的动态变化，鉴定到一系列发育中持续积累的基因。基于以上两组分析获得的重叠基因，该研究鉴定到一个新的百粒重调控基因 *GmPLATZ*。相关研究成果 10 月 15 日在线发表于《新植物学家》（*New Phytologist*）。

通过基因编辑技术创制了该基因及其同源基因的双突变体 *gmpla/b*。这个双突变体大豆的籽粒和粒重变小，表明大豆需要 *GmPLATZ* 保持籽粒大小和粒重。转录组分析表明，*GmPLATZ* 显著影响了细胞周期和植物激素合成的相关通路。进一步研究发现，*GmPLATZ* 直接激活 6 个细胞周期蛋白基因表达，促进细胞周期进程；同时也直接激活 *GmGA20OX* 促进细胞增殖。*GmPLATZ* 可通过结合回文序列元件 AATGCGCATT 和 GCATT（N17）AATGC 分别调控 *GmGA20OX* 和 *GmCYCD6* 的表达。在大豆中过表达 *GmGA20OX* 可促进籽粒变大并提高粒重。因此，*GmPLATZ* 可能通过激活 GA 合成途径和细胞周期进程促进籽粒变大并提高粒重。

研究也发现，*GmPLATZ* 在野生大豆中已经受到选择，并在栽培大豆中完全固定下来。同时，鉴定到 *GmPLATZ* 重要的单倍型 Hap3，与高的百粒重、高的基因表达和高启动子活性相关。在拟南芥和水稻中，*GmPLATZ* 的同源基因也具有调控籽粒大小和粒重的保守功能。这项研究揭示了新的大豆粒重调控模块，对大豆遗传改良和高产育种具有重要意义。

（来源：Agropages）

遗传发育所耐盐水稻培育获得新进展

土壤盐碱化降低了土壤肥力和农作物产量，对全球农业构成威胁。随着化肥使用不当、过度灌溉和工业污染等问题加剧，盐渍化土壤的面积仍在扩大。因此，提高作物的抗盐碱能力是未来作物育种的主要方向之一，而植物响应盐胁迫的分子机制研究将为培育耐盐作物提供重要线索。

近日，中国科学院遗传与发育生物学研究所陈宇航组解析了盐胁迫响应信号通路 SOS（Salt Overly Sensitive）信号通路中关键 Na^+/H^+ 转运蛋白 SOS1 的三维结构，揭示了 SOS1 激活的分子机制。该研究组利用冷冻电镜技术解析了水稻 SOS1 全长蛋白处于自抑制状态（OsSOS1FL）和截短体处于超激活态（OsSOS1976）的三维结构。相关研究成果 10 月 26 日在线发表于《自然-植物》（*Nature Plants*）。

该研究基于深入的结构分析，提出了 SOS1 的工作模式。在没有盐胁迫的情况下，激活前 SOS1 的胞内调控结构域通过结合保守的自抑制 motif 而得以稳定，其 HD 结构域的 H8/H9 螺旋对与 TM5b 互作，使得门控残基 Pro148 处于阻断 Na^+ 结合的位置，从而维持一种无转运活性的自抑制状态。当植物遭遇盐胁迫时，胞内升高的钙信号被 SOS3 所感知并与 SOS2 形成复合物来激活其蛋白激酶活性，进一步磷酸化 Na^+/H^+转运蛋白 SOS1。SOS1 磷酸化后使得其自抑制解除，胞内调控结构域发生剧烈的构象变化，尤其是解除 HD 结构域的 H8/H9 螺旋对与 TM5b 的紧密接触，引起 TM5b 的下移和 motif144SATDP148 解开延伸，伴随发生 Pro148 位置迁移（从阻断 Na^+结合到允许 Na^+转运）。上述研究解释了 SOS1 如何从静息的自抑制状态切换到激活状态，为探讨 SOS1 激活的分子机制奠定了结构基础。

（来源：*Nature Plants*）

植保所揭示水稻抗稻瘟病新机制

稻瘟病是水稻生长过程中严重的真菌病害之一，对粮食安全造成巨大威胁。已有研究表明过氧化物酶体与植物免疫反应中的活性氧（ROS）息息相关，过氧化物酶体受体 PEX5 是过氧化物酶体稳态调控的重要组分，然而 PEX5 是否参与植物免疫尚不清楚。

近日，中国农业科学院植物保护研究所作物病原生物功能基因组研究创新团队在细胞子刊《细胞报告》（*Cell Reports*）上发表了一篇研究论文，报道了过氧化物酶体受体 OsPEX5 通过 APIP6-OsPEX5-OsALDH2B1 层级调控水稻抗稻瘟病的分子机制。这项研究发现过氧化物酶体受体 OsPEX5 在水稻免疫过程中发挥着重要作用。在水稻中沉默 *OsPEX5* 基因，增强了几丁质诱导的 ROS 积累、防御相关基因的表达以及对稻瘟病菌的抗性。该研究率先证明过氧化物酶体受体 PEX5 在植物免疫过程中发挥着关键作用，阐明 E3 泛素连接酶靶向过氧化物酶体受体的层级调节机制，为稻瘟病综合防控和培育抗病品种提供了重要的理论基础和基因资源。

（来源：*Cell Reports*）

RNA 识别机制是植物抵抗病毒侵染的重要防线

植物利用 RNA 干扰实现基础抗病毒免疫，但新的证据表明，额外的

RNA 靶向防御机制也能防御入侵的病毒。中国农业科学院植物保护研究所作物病原生物功能基因组研究创新团队的一项研究，介绍了其研究团队及国际同行在植物与病毒之间通过 RNA 介导的多层次博弈，提出 RNA 识别机制是植物抵抗 RNA 病毒侵染的重要防线。该研究为解析植物与病毒在 RNA 层面的相互作用提出了新的研究方向，对这些机制的深入解析将有助于揭示植物抵御病毒侵染的整体机制，并为开发新的抗病毒策略提供理论基础。相关研究成果 11 月 11 日发表于《植物科学发展趋势》（*Trends in Plant Science*）。

RNA 质量控制（RQC）是真核生物中保守的 RNA 检测机制，在 RNA 翻译过程中识别异常 RNA 产生的特殊状态，进而启动 RNA 降解机制降解异常 RNA。病毒编码 RNA 往往产生区别于寄主 RNA 的特殊结构和编码特征，在核糖体翻译过程中能够被 RQC 机制识别。m6A 是真核生物中最常见和广泛研究的 RNA 化学修饰。m6A 修饰可以通过作用于病毒 RNA 以影响病毒侵染。研究人员发现，m6A 修饰的病毒 RNA 可以被特定无义介导的 RNA 降解（NMD）因子识别并激活 RNA 降解途径，从而抑制病毒侵染。然而，病毒编码的沉默抑制子（VSRs）不仅可以干扰 RNAi 的功能，还可以干扰 RNA 降解功能。此外，病毒 RNA 上的特殊茎环结构在逃避 RQC 识别机制中也发挥重要作用。

（来源：中国农业科学院植物保护研究所）

日本通过基因编辑延长甜瓜保质期

气态植物激素乙烯长期以来一直被认为能促进水果成熟，并对保质期发挥一定作用。日本筑波大学的研究人员通过使用 CRISPR/Cas9 系统进行基因编辑，修改日本高价甜瓜品种（*Cucumis melo* var. *reticulatus* “Harukei-3”）的乙烯合成途径，培育出的瓜保质期比未经基因编辑的瓜长 14 天。该研究得到日本“跨部战略创新促进计划（SIP）”的支持。

研究人员选择 *CmACO1* 作为基因编辑的靶标，并尝试在基因中引入突变，诱导的突变至少遗传了两代。在未经基因编辑的野生型品系中，采后 14 天乙烯生成量增加，瓜皮变黄，瓜瓤肉软化。然而，在基因组编辑的突变体中，乙烯生成量减少到野生型的十分之一，瓜皮保持绿色，瓜瓤保持紧实。这表明通过基因编辑引入 *CmACO1* 突变可以延长甜瓜的保质期。这种技术可能会减少粮食损失和浪费，并有助于全球粮食系统的可持续性。

（来源：筑波大学）

动物育种

中国研发基于动能采集器的奶牛可穿戴智能传感器

近日，中国西南交通大学研究人员为奶牛设计了一种可穿戴智能设备，该设备可以捕获微弱运动所产生的动能，为智能牧场设备供电。研究结果12月1日发表于《交叉科学》(*iScience*)。

牧场通过监测牛的环境和健康信息可以帮助预防疾病，提高牧场繁殖和管理的效率，这些信息（包括氧气浓度、空气温湿度、运动量、生殖周期、疾病和产奶量等）采集设备的供电一直是设备研发中的重要问题。研究团队的智能农场设计包括在奶牛的脚踝和脖子上佩戴小型感应设备，这些设备可以收集奶牛日常活动（如行走、跑动，甚至是颈部运动）所产生的大量动能，储存在锂电池中为设备供电。

该动能采集器可以收集到微弱运动的动能，设计包含一个运动增强机制，使用磁铁和钟摆来放大奶牛所做的小动作。研究人员还在人体上测试了该设备，发现轻轻慢跑就足以为设备中的温度测量设备提供动力。相关设备未来可应用于运动监测、医疗保健、智能家居和人类无线传感器网络建设等方面。

（来源：techtimes. com）

全球畜禽繁殖性状遗传分析最新成果

《遗传学前沿》(*Frontiers in Genetics*）杂志1月4日发表了社论文章《畜禽繁殖性状的遗传分析》，涵盖猪、牛、羊、兔、鸡、鸭和火鸡等畜禽繁殖的最新进展、最新技术和挑战，介绍了影响动物繁殖遗传因素的最新知识以及研究遗传对繁殖表型影响的最新方法。

高通量转录组测序（RNA-Seq）已成为鉴定生殖性状关键基因的主要方法。研究成果包括：筛选影响猪繁殖力的关键基因和lncRNA（长链非编码RNA），强调了lncRNA MSTRG. 3902. 1可能通过影响靶基因*NR5A2*在rpFSH（重组猪卵泡刺激素）诱导排卵中发挥的重要调节作用；鉴定了不同光周期处理下母羊肾上腺的差异表达基因，鉴定出几种可能调控绵羊季节性发情的新型 mRNA、miRNA 和 lncRNA；鉴定了几种 mRNA 在性成熟过程中具有的直接或间接功能，这可能为绵羊性成熟机制提供新见解；结合 RNA 序列、ISO 序列和 CAGE 序列等多个表达数据集的信息，确定了与婆罗门牛生育力相关的几个基因，揭示了所选基因的组织特异性表达、等位基因特异性表达，转录起始位点的变异和非翻译区。RNA-Seq 与其他测序技术的结合将成为有效提高候选基因选择准确性的可行选择。

全基因组关联分析（GWAS）和全基因组测序也被广泛用于鉴定关键的单核苷酸多态性（SNPs）和与生殖性状对应的候选基因。研究成果包括：利用 GWAS 确定了巴马香猪 7 个产仔数性状和 4 个乳头数性状的 29 个候选 SNP。利用 GWAS 和单倍型共享分析，观察到了蛋鸭产蛋性状显著相关的候选基因和单倍型。使用全基因组汇集测序发现了 10 个与骨性状相关的重要候选基因，以及两个骨相关通路，例如破骨细胞分化和丝裂原活化蛋白激酶信号通路在蛋鸡种群中的作用。通过综合分析 GWAS 和转录组数据，确定了 7 个重要的 SNP，并提出了 28 个母猪产奶相关的候选基因，其中 10 个是关键候选基因。证明了与传统的累积模型相比，使用系谱和基因组信息的随机回归模型可以实现更高的预测能力，用于分析纵向性状，如孵化器中的受精卵、受精卵孵化（HOF）。

剪接异构体可能在生殖生理过程中发挥不同的功能，如孕激素受体异构体和催乳素受体异构体。研究成果描述了牛睾丸和精子中黑色素瘤 Y 连锁优先表达抗原的 4 种异构体。

生殖道中的微生物群落参与宿主生育力和健康的维持。子宫内膜炎症在产后奶牛中很常见，子宫微生物群的改变与围产期疾病有关。研究发现化脓隐秘杆菌在子宫内膜炎组的子宫和阴道中的丰度较高，并且与乳杆菌的丰度呈负相关。

肌生长抑制素（MSTN）被认为是肌肉发育和再生的负调节剂，MSTN 的自然突变导致牛、狗、羊和猪出现明显的双肌肉表型效应。在这个研究课题中，研究人员使用 CRISPR/Cas9 系统通过 MSTN 突变在兔子身上开发了可遗传的双肌肉臀部，有望提高兔肉生产效率，促进兔产业的发展。

总之，现有技术方法的整合为识别新的功能候选基因、特定遗传变异和影响生殖性状的分子途径提供了更有力的工具。CRISPR/Cas9 系统是一种有效的基因组编辑工具，用于验证与繁殖相关的功能基因，可以显著提高畜禽的繁殖效率。

（来源：frontiersin. org）

日本公司成功培育出基因编辑鸡

近日，日本德岛大学的风险投资公司 Seturotech 利用基因编辑技术和其他专有技术，首次成功创制出基因编辑鸡。这一成果有助于利用基因编辑技术高效创制鸡的新品种，实现日本家禽育种改良高速化和高附加值化。

该研究采用原始生殖细胞（PGCs）编辑法，以荧光蛋白可视化 *cVasa* 基因的表达为模型进行新品种创制。研究小组从鸡胚胎中分离出 PGCs，进行体外培养，将荧光蛋白基因 *mCherry* 插入 PGCs 中特异性表达 *cVasa* 基因位点，并将由此产生的基因编辑 PGC 移植到受体鸡性腺（睾丸/卵巢）中。成功地将成年鸡（F_0 个体）与野生型鸡进行繁殖，生下基因编辑的鸡个体。对实验体的分析表明，荧光蛋白基因按照设计被插入到 *cVasa* 位点，与 *cVasa* 基因表达一致。在睾丸和卵巢中确认有红色荧光。构成这些 F_1 鸡个体的所有细胞都变成了 cVasa-mCherry 杂合子，并且这种基因型和性状在后代中得以保持。

（来源：JAcom）

中国首次成功培育 3 个基因编辑小型猪新品系

中国农业科学院深圳农业基因组研究所动物功能基因组学创新团队联合北京畜牧兽医研究所等单位培育的中农巴马小型猪 3 个实验用小型猪专门化品系，近日被认定为中国实验动物新资源，收录于国家实验动物模型资源信息平台，该品系是首次通过鉴定的基因编辑猪疾病模型新品系。

研究人员于 2016 年通过自主建立的多基因精准编辑技术，成功获得 6 头 *ApoE* 和 *LDLR* 双基因缺失猪，借助基因型检测等技术，历时 6 年多选育获得遗传稳定的3个小型猪疾病模型新品系，该品系病理特征明显，每个品系的种群均达到60头以上。此外，研发团队还针对3个专门化品系制定了饲养管理方法、实验操作技术方法和遗传质量控制方法。

开发实验动物新资源是我国重要战略需求，小型猪疾病模型专门化品系的成功培育为基因编辑大动物模型专门化品系提供了理论和技术支撑，对我国生命科学研究和生物医药领域发展具有重要意义。

（来源：中国农业科学院网站）

中国超高产长寿奶牛育种群体培育取得新突破

近期，由西北农林科技大学奶牛种业创新团队培育的“克隆奶牛”在宁夏灵武市出生，这是国内首次采用体细胞克隆技术对现存群体中的百吨优良个体进行种质复原保存，并用于良种奶牛高效繁育，开启了体细胞克隆技术在良种奶牛培育中担当核心和关键角色的新纪元。

这批克隆奶牛是依据生产性能记录和体型评定，选择群体中高产长寿和抗逆性能优异的明星奶牛，采集耳缘组织，培养皮肤成纤维细胞，通过核移植生产克隆胚胎，并进行胚胎移植，使其成为百吨明星牛群体的核心成员。首批移植的120枚克隆胚初检妊娠率达到42%，200天以上在孕率达到17.5%。标志着该技术在实际应用中的进一步成熟，首次将克隆技术成功用于奶牛良种培育的关键环节，达到国际先进水平，是继2022年10月奶牛活体采卵—体外胚胎生产（OPU-IVP）技术应用取得成功之后，在奶牛良种繁育技术领域的又一重大突破。

研究团队计划用2~3年时间，通过克隆技术、活体采卵体外胚胎生产和性控技术，建立一个上千头的超级奶牛核心群体。这项体细胞克隆技术在新领域的应用，避免了引进活牛的生物安全风险，极大地挽救了濒临淘汰的优质种质资源，对实现国内适应性和抗逆性良好的超级奶牛重生和扩群、形成超高产奶牛育种群体、为选育国内具有自主知识产权的良种母牛和后备种公牛提供了优质资源。

（来源：西北农林科技大学）

最新研究揭示基因编辑仔猪肠道菌群促进铁吸收的作用机制

中国农业科学院北京畜牧兽医研究所联合华中农业大学、深圳农业基因组研究所进行了一项研究，揭示了基因编辑仔猪结肠内肠道菌群通过调控羧酸及其衍生物代谢通路促进仔猪对铁吸收，为预防仔猪缺铁性贫血提供了重要新策略。

该研究以双基因敲除（DKO）大白仔猪和野生型（WT）仔猪为材料，发现在未补充铁元素情况下，DKO 仔猪的肾、结肠组织中的铁含量比 WT 仔猪肾、结肠组织中铁含量高，而且 DKO 仔猪肾脏和结肠黏膜中转铁蛋白水平明显升高。研究人员对 DKO 仔猪和 WT 仔猪不同肠段内容物样品进行了多组学分析，发现结肠段内肠道菌群的组成及多样性、羧酸及其衍生物丰度在两组仔猪中存在显著差异。宏基因组测序分析显示，DKO 仔猪结肠段内菌群有机酸代谢通路显著富集。进一步分析发现，DKO 仔猪结肠内菌群可通过调节羧酸及其衍生物代谢，适度下调肠道内 pH 值，促进三价铁离子向二价铁离子转化，进而增加了仔猪对铁的吸收，对缓解仔猪缺铁性贫血发挥了重要作用。研究成果于 1 月 10 日发表于《微生物学波谱》(*Microbiology Spectrum*)。

（来源：中国农业科学院网站）

科学家发现与家畜抗生素耐药性有关的基因

加拿大萨斯喀彻温大学（USask）的研究人员发现一个以前被忽视的、与牲畜疾病治疗相关的抗生素耐药性基因（*ARG*），该基因编码的 EstT 酶能够“关闭”或灭活大环内酯类物质，大环内酯是一类常用于治疗牛和其他牲畜疾病的抗生素药物。研究结果 2 月 15 日在线发表于《美国国家科学院院刊》(*PNAS*)。

由于抗生素耐药性在全球蔓延，抗生素的疗效正在下降。*ARG* 作为可以在微生物之间传递的移动遗传元素，能够加速抗生素耐药性的传播。USask 研究小组在分析加拿大西部肉牛饲养场饮水槽中的细菌后发现这一新型 *ARG*，该基因可以通过水解破坏抗生素的环结构，抗生素结构被破坏后，药物就不再发挥应有的治疗作用。研究小组随后将对其进行克隆，并针对来自不同类别的多种抗生素药物进行测试。这一发现扩大了 *ARG* 数据库，新获得的 *ARG* 可以与细菌的 DNA 交叉匹配，从而确定细菌是否具有对特定抗生素的耐药性。研究者认为研究这种特定基因，并与特定系统整合将有助于更好地为抗生素药物的使用提供信息。

（来源：pnas. org）

利用新方法预测种公牛生育能力

生物标志物是评估公牛生育能力的有效工具，有助于选择合适的动物品种进行繁殖。最近的研究表明，牛精子中的编码和非编码 RNA 都可以作为精子质量和生育能力的生物标志物，通过分析精子中的 RNA，可以更好地了解和管理公牛的生育能力。

牛精子携带不同类型的 RNA，完整的 RNA 含量很少，而且大多数都已高度降解，很难通过传统方法（如 qPCR 和微阵列）进行分析。研究发现，RNA 测序有助于定位和开发基因表达生物标志物，可以准确地识别和测量精子中与公牛生育能力相关的 RNA 水平，帮助了解精子中的 RNA 并评估公牛的生育能力。该方法首先对公牛精子样本的 RNA 进行测序，采用不同的生物信息学程序分析 RNA 测序数据，以识别高繁殖力和低繁殖力公牛或其他差异表达基因。

这项研究进一步指出，在实际应用中仅靠单一技术无法应对生物系统的复杂性，需要综合使用各种组学技术，如基因组学（研究完整的 DNA）、蛋白质组学（研究细胞表达的完整蛋白质集）和代谢组学（研究代谢物）以及转录组学，从而建立可靠的方法筛选高产种公牛。

（来源：sciencenorway. no）

美国公司利用基因编辑技术培育出抗蓝耳病猪

近日，美国精准育种公司 Acceligen 宣布利用基因编辑技术培育出可抵抗猪繁殖与呼吸综合征（PRRS，俗称蓝耳病）的猪。该公司使用堪萨斯州立大学开发的蛋白质修饰工具培育出抗 PRRS 的猪，并与伊利诺伊大学合作验证了新品种对 PRRS 病毒具有抵抗力。PRRS 被描述为“对养猪业最具破坏性的疾病”，仅在美国和欧洲就导致养猪业损失约 25 亿美元。研究团队指出，使用基因编辑的新育种技术来预防 PRRS，将改善动物的整体健康状况，从而使动物更健康、动物食品更安全。

（来源：*Pig World*）

母猪妊娠早期胚胎着床领域研究新进展

近日，华南农业大学吴珍芳团队在母猪妊娠早期胚胎着床领域研究方面取得新进展，相关研究 3 月 7 日发表于《纳米生物技术杂志》（*Journal of Nanobiotechnology*）。

母猪产仔数是影响养猪生产效率的关键指标。然而，母猪妊娠过程中约 30%的胚胎在妊娠早期由于着床失败而死亡，猪胚胎着床的调控机制亟待解析。研究解析了母猪发情期及妊娠早期子宫液外泌体的蛋白组成及其功能，并发现子宫内膜功能蛋白 MEP1B 能够通过外泌体的方式，靶向运输到胚胎滋养层细胞，促进细胞增殖与迁移，从而调控胚胎着床。外泌体具有生物相容性、稳定性和靶向性，在生产中可通过子宫深部输精的方式将具有特定功能分子的外泌体递送到子宫内促进胚胎着床，具有较好的应用潜力。该研究为降低妊娠过程中猪胚胎死亡率、提高母猪产仔数开辟了新的研究方向。

（来源：科学网）

中国农业大学揭示鸡胚胎滞育的分子调控机制

近日，中国农业大学动物科学技术学院杨宁教授团队揭示了鸡胚胎滞育的分子调控机制，为长期保存种蛋的孵化能力提供了新思路。相关研究成果发表于《BMC 生物学》（*BMC Biology*）。

如果种蛋储存温度低于鸡生理零度（21℃），即可诱发胚胎滞育，当环境温度升高到37.8℃时，胚胎则可完全恢复正常发育而孵化。利用这一特性，可以将不同时期收集的种蛋同时进行孵化。但是对于温度是如何控制鸡胚胎滞育这一基础问题却不能很好地回答。为了全面解析鸡胚胎滞育的调控机制，研究团队收集了胚胎滞育前、滞育发生、维持滞育以及解除滞育的整个变化过程的数百枚鸡胚胎样品。通过对处于不同状态的胚胎进行分析，结果显示滞育时胚胎的细胞分裂被完全抑制，这是造成胚胎停止发育的核心原因。随后通过对不同状态的胚胎进行转录组测序分析，发现*IRF1*、*FOS*、*DUSP1*和*NFKBIA*等基因能够快速响应温度变化并调控细胞增殖，可以作为鸡胚胎滞育状态的潜在标志基因。经蛋白质磷酸化修饰组学的进一步分析，发现前述基因受到PKC-NF-κB信号通路的调控。最后，该研究通过体外细胞实验及体内胚盘注射技术验证了*IRF1*对细胞分裂增殖的调控作用。

（来源：中国农业大学）

中国农业科学院解析绵羊胎儿肌肉生长发育的分子调控机制

近日，中国农业科学院北京畜牧兽医研究所羊遗传育种研究组利用全转录组学、蛋白质组学和SNP芯片等技术筛选出了影响绵羊胎儿肌肉生长发育的分子标记及关键候选基因，并在分子和细胞水平解析了绵羊胎儿肌肉生长发育的分子调控机制。相关研究成果发表于《细胞》（*Cells*）、《营养素》（*Nutrients*）和《生物学》（*Biology*）。

绵羊胎儿期是绵羊肌肉生长发育的关键时期，对肌纤维的数量起决定性作用。研究团队利用全转录组学技术对妊娠第85天、第105天和第135天的绵羊胎儿背最长肌组织进行了全转录本分析。研究团队利用多组学联合分析了绵羊母体营养限饲对胎儿肌肉生长发育的分子调控机制。研究发现，*TEAD1*和*CDK2*基因是母体营养限饲条件下导致肌肉发育不良的关键候选基因，进一步明确了*TEAD1*基因在绵羊胎儿肌肉发育过程中的关键作用。此外，团队利用蛋白质组学挖掘出与绵羊肌肉生长发育密切相关的*ARNT*基因，通过SNP芯片技术筛选出了*ARNT*基因中影响ARNT蛋白功能和调控绵羊肌肉生长发育的分子标记。以上研究结果从基因、转录和蛋白等水平系统地解析了绵羊胎儿肌肉生长发育分子机制，为创制肉羊种质育种新素材奠定了理论基础。

（来源：中国农业科学院北京畜牧兽医研究所）

中国农业科学院揭示雌激素调控绵羊成肌细胞增殖的分子机制

近日，中国农业科学院北京畜牧兽医研究所肉羊遗传育种科技创新团队揭示了雌激素对绵羊成肌细胞的调控作用，并阐明了雌激素通过介导 oar-miR-485-5p 靶向 PPP1R13B 调控肌细胞增殖的分子机制，为提升苏尼特羊羊肉品质提供了重要依据。相关成果发表于《国际生物大分子杂志》（*International Journal of Biological Macromolecules*）。

研究团队以苏尼特羊为研究对象，首先对卵巢切除组（ovariectomy group，OVX-SNT group）和假手术组（sham group，SNT group）苏尼特羊背最长肌组织样本进行 RNA-seq 测序，共得到 178 对差异表达的 mRNA-miRNA。通过 GO 和 KEGG 分析筛选出 OVX-SNT 和 SNT 组差异表达的关键基因 *PPP1R13B*。利用一系列分子生物学试验研究发现，*PPP1R13B* 是 miR-485-5p 的下游功能靶标之一，其表达可促进成肌细胞增殖；体外添加一定浓度的 E2（雌二醇）可介导 oar-miR-485-5p 调控 *PPP1R13B* 的表达促进绵羊成肌细胞的增殖。研究结果为探究雌激素及 miRNA-mRNA 通路在绵羊成肌细胞中的功能提供了新见解，有助于理解绵羊成肌细胞的生长机制。

（来源：中国农业科学院北京畜牧兽医研究所）

美国利用基因编辑技术培育出第一头抗 BVDV 犊牛

近日，美国农业部农业研究局、内布拉斯加大学林肯分校和肯塔基大学等机构利用基因编辑技术培育出第一头对牛病毒性腹泻病毒（BVDV）具有抵抗力的犊牛，该研究证明了通过基因编辑防控牛 BVDV 相关疾病的可能性。

研究人员发现了导致奶牛感染的主要的细胞受体（CD46），以及病毒与该受体结合的区域，并利用基因编辑技术修改了病毒结合位点以阻止感染。该研究对牛皮肤细胞进行编辑后，培育出携带改良基因的胚胎，将胚胎移植到代孕奶牛体内，以测试该方法是否可以有效减少活体动物的病毒感染。基因编辑犊牛于2021年7月19日健康出生，研究人员在观察几个月后，将其与一头感染BVDV的犊牛共同饲养一个星期，研究显示基因编辑犊牛对BVDV的易感性显著降低，未观察到不良影响。由于BVDV感染还会使犊牛面临继发性细菌性疾病的风险，基因编辑犊牛或将有助于减少兽用抗生素的使用。目前该基因编辑牛仍处于研究阶段，尚未有相关牛肉进入美国食品供应。

（来源：美国农业部）

欧洲推出基于MRI的鸡卵内性别鉴定技术

近日，总部位于荷兰和德国的家禽育种公司Hendrix Genetics和人工智能成像公司Orbem推出一种高通量、非侵入性的、人工智能且基于MRI（磁共振成像）的解决方案，可对任何鸡品种进行卵内性别鉴定。

Orbem的Genus Focus系统已在法国Mur-de-Bretagne的Hendrix Genetics蛋鸡孵化场商业化应用，被视为在停止扑杀日龄雄性雏鸡的做法中取得的重大突破，且符合法国和德国现行法规。该解决方案将Orbem的成像和分类技术与荷兰Vencomatic Group的自动化设备相结合，能够在孵化的第12天对家禽胚胎进行可靠且无创的实时性别鉴定。法国孵化场应用表明，该系统每天能够分析25万个鸡蛋。Hendrix Genetics有关人员表示，这项新技术是其可持续动物育种愿景迈出的重要一步，该系统能够满足商业孵化场对大规模自动化和效率的要求。这项成果将成为该行业在动物福利和整体可持续性方面的一项重要成就。

目前，在动物福利立法的推动下，卵内性别鉴定在欧洲所受到的关注度越来越高。除了德国和法国禁止淘汰雄性雏鸡外，意大利拟于2026年之前逐步禁止淘汰雄雏鸡。美国尚未有相关法规，生产商参与度较低。

（来源：*POULTRY WORLD*）

通过“气味”鉴定鸡蛋的性别

美国加州大学戴维斯分校和戴维斯初创公司Sensit Ventures Inc. 最新研

究显示，可以利用吸盘式嗅探器“嗅探”蛋壳散发出的挥发性化学物质来确定受精鸡蛋的性别。这项研究表明，根据挥发性有机化学物质，在孵化早期按性别对鸡蛋进行分类是可行的。研究成果 5 月 22 日发表于 *PLOS ONE*。

这项新技术通过鸡蛋吸盘式嗅探器形成适度的真空压力系统来收集挥发性有机化合物（VOC），研究设置了 3 个独立的实验以确定收集鸡蛋 VOC、区分雄性和雌性胚胎的最佳条件，确定了最佳提取时长（2 分钟）、储存条件（孵化第 8~10 天）和采样温度（37.5°C）。基于 VOC 的方法可以正确区分雄性和雌性胚胎，准确率超过 80%。该方法能与高吞吐量专业自动化设备的设计相兼容，基于化学传感器微芯片进行卵内性别鉴定。

（来源：*PLOS ONE*）

英国科学家揭示不同品种牛的免疫系统差异

近日，英国爱丁堡大学罗斯林研究所和皇家（迪克）兽医学院的科学家发现，附着在 DNA 上的化学标记有助于揭示不同品种牛之间的免疫系统差异。研究表明，不同牛亚种的免疫细胞中表观遗传标记存在着广泛差异，可能会影响牛免疫系统中的基因活性，从而造成牛免疫反应差异，这为提高牲畜抗病能力提供了线索。相关研究成果发表在《基因组生物学》（*Genome Biology*）。

科研人员收集了来自英国、肯尼亚和巴西 3 种不同品种牛的免疫细胞共 150 个样本，并根据这些数据创建了在线公共数据库。通过观察某些细胞类型特有的化学标记，研究人员测试了一种根据 DNA 上的化学标记计算出血液样本中不同免疫细胞类型比例的方法。他们使用 4 种不同技术来分析不同品种牛的免疫细胞标记，以了解这些标记物如何以及在哪里发生变化。尽管现有研究已确定牛品种之间潜在的遗传差异，但目前对 DNA 的这些化学修饰知之甚少，而这可能是导致其免疫反应差异的原因。

（来源：爱丁堡大学）

新研究使用基因预测工具选择优质安格斯牛群

美国密苏里大学的最新研究表明，一种新的基因组预测工具可用于选择具有优秀育种特性的商业奶牛品种。在该研究中，研究人员使用 Zoetis Genemax Advantage 基因组预测工具测试了一组安格斯母牛，以预测其犊牛的生产性能和盈利能力。该项目旨在帮助牛群优化选择性育种，使肉牛生产商获得市场竞争优势。

研究人员在对安格斯母牛及其后代的样本进行测试时发现，母牛的遗传价值与其后代犊牛的生产性能之间存在显著的相关性，研究集中在特定的性状，如断奶体重、大理石花纹、脂肪和肋眼面积。密苏里大学汤普森研究农场率先使用该技术筛选了35头公牛，其中70%为极佳级别（美国农业部牛肉等级划分中的最高等级），远高于目前行业6%的极佳评级率，证明了该技术的有效性。

研究人员表示，基因组预测工具将帮助生产者在不了解动物谱系或性能数据的情况下，通过分析DNA样本即可获得有关雌性种牛遗传价值的准确预测，为肉牛生产商带来更高的效益。

（来源：密苏里大学）

德国开发用于可视化牛物理遗传图谱的应用程序

基于荷斯坦牛和德国/奥地利弗莱维赫牛的大量数据，德国农场动物生物学研究所（FBN）开发了一款名为CLARITY的应用程序，允许用户交互式探索牛的物理遗传组合图谱。这项研究结果5月30日发表于《遗传学前沿》（*Frontiers in Genetics*）。

该应用程序可以通过不断整合不同品种的数据进行数据比对，将遗传多样性可视化。通过设计直观的界面，用户能够将整个染色体或特定染色体区域的物理和遗传图谱互连起来，并可以检查重组热点的情况。用户还可以探索哪些常用的遗传图谱函数最适合本地，相应的输出表格和图形可以多种格式下载。当地养牛协会已为这项研究提供数十万只动物的遗传数据，为研究结果的准确性提供了保障。CLARITY 应用程序提供了一个交互式探索选定牛品种的物理和遗传图谱的平台。其他品种（肉牛、奶牛和乳肉兼用型）的数据整合工作正在进行中，研究还将促进不同基因组中图谱特征的复杂比较分析。

（来源：phys. org）

研究表明平衡育种利于提高产仔数和仔猪成活率

近期，由德国、荷兰等国科学家主导的一项研究表明，通过平衡育种方法，可以提高窝产仔猪数和仔猪存活率。相关研究成果 7 月 20 日发表于《动物科学前沿》（*Frontiers in Animal Science*）。

该研究对过去 20 年的数据进行了评估，以证明平衡育种对仔猪存活率和产仔数的积极影响，成果介绍了窝产仔数、死胎数、哺乳期死亡率和仔猪出生体重的估计遗传趋势。有证据表明，产仔数与断奶仔猪存活率之间的遗传拮抗作用可以通过平衡选择策略成功抵消，这一策略实际上自 2002 年以来已在商业生猪育种中实现。研究人员还研究了这种遗传潜力的趋势是否也在商业生产中以表型形式表现出来。根据平均表型数据，2000 年至 2022 年期间，生产1 000头断奶仔猪所需母猪数量从 123 头减少到 77 头，死亡仔猪数量从 400 头减少到 250 头。

（来源：hypor. com）

国际团队发现非编码 DNA 影响奶牛产奶量和生育能力

近日，澳大利亚、英国、中国的科学家联合研究表明，调控基因——控制其他基因如何作用的基因——能够决定奶牛 69%的遗传性状，包括奶牛的产奶量和生育能力。这一发现远高于之前人类调节基因研究得出的结果，将提高农业育种计划的效率。研究结果 8 月 23 日发表于《细胞基因组学》（*Cell Genomics*）。

研究团队首先使用牛基因型组织表达图谱（CattleGTEx）构建了一个包括基因表达和RNA剪接基因的调节基因模型。然后，在一个超过120 000个奶牛基因组的数据集中，使用该模型量化调控基因的突变对性状遗传力的影响。该研究共检查了37个与产奶量、乳腺炎、生育能力、性情和体型有关的特征，发现调节基因对69%的性状遗传力具有决定作用。与以往大多数只检测基因表达变异的研究不同，该研究同时检测了基因表达和RNA剪接基因，还研究了顺式和反式变异——距离其影响的编码区域较近或较远的突变。下一步研究将尝试为不同的遗传特征生成更好的预测模型。该研究不仅为农业，也为未来人类和其他动物的相关研究提供了模型系统。

（来源：phys. org）

英国培育基因编辑鸡对抗禽流感

禽流感是家禽养殖业的重大威胁，仅英国当前爆发的H5N1禽流感就造成了家禽业超过1亿英镑的损失。因此，家禽的抗病育种具有巨大的发展潜力。英国爱丁堡大学、伦敦帝国理工学院和珀布赖特研究所研究人员使用基因编辑技术，通过改变生成ANP32A蛋白质的基因培育出抗禽流感鸡。不过，研究团队也强调过度修改基因可能造成鸡种出现其他问题，同时还有加速病毒突变的风险。研究成果10月10日发表于《自然-通讯》（*Nature Communications*）。

在鸡体内，甲型流感病毒（IAV）依赖于宿主蛋白ANP32A，为培育抗病毒禽类提供了潜在靶标。研究人员通过使用CRISPR/Cas9基因编辑技术编辑鸡体内的基因后发现，改变*ANP32A*的两个氨基酸可以阻止病毒在细胞中复制。*ANP32A*基因编辑鸡在健康或生产力方面没有不良表现，并且在暴露于正常剂量的H9N2禽流感病毒株时，90%的鸡没有受到感染，也没有传播病毒给其他鸡，更重要的是，这种抵抗力能够遗传给后代。这一策略有望减少禽流感由野鸟传染养殖家禽。

然而，当暴露于高剂量禽流感病毒后，基因编辑鸡发生了突破性感染。逃逸IAV病毒含有IAV聚合酶基因突变，可以在经过编辑去除*ANP32A*基因的鸡胚胎中复制，并替代性的利用了其他次优的ANP32蛋白家族成员。实验数据显示，即使完全删除鸡 *ANP32A* 也不足以消除鸡的 IAV 突变体感染。结果表明，单个 ANP32 蛋白的单次编辑或删除不足以产生流感抗性鸟类，还需要对 ANP32 家族的所有成员进行编辑以减少病毒逃逸。这种敲除组合预计会对动物的健康有害，但它证明了宿主基因的多次编辑可以组合起来赋予不育抗性。该研究表明基因编辑为动物实现抗病提供了一种可能的途径。

（来源：爱丁堡大学）

美国 Cellecta 公司推出全基因组 CRISPR 鸡和猪敲除文库

美国 Cellecta 公司近日发布新的针对鸡和猪的单模块 CRISPR 全基因组敲除文库，该文库每个基因有 4 个向导 RNA（sgRNA），包括 6.9 万个针对 1.7 万个鸡基因的向导 RNA、8.9 万个针对 2.2 万个猪基因的向导 RNA，以及 1 000个非靶向对照和 100 个内含子靶向对照。

在农业和食物研究以及“实验室培育”肉类等应用中，基因中断筛选技术（genetic disruption screens）有助于识别具有优势性状的基因，如病原体抗性、改良育种和营养成分。这些 CRISPR 鸡基因组和猪基因组敲除文库结合了 Cellecta 的 HEAT1 向导 RNA 结构，可以通过提高向导 RNA 的敲除效率，显著提高合并筛选中的信噪比。除了现有的 CRISPR 鸡基因组和猪基因组敲除文库外，Cellecta 还提供一系列相关产品，例如 Cas9 活性测试试剂盒和这些文库特有的 NGS 文库制备试剂盒。Cellecta 还将 CRISPR 筛选作为一项服务运行。

（来源：benzinga. com）

我国在鸭胸肌发育及肉品质研究方面取得系列进展

中国农业科学院北京畜牧兽医研究所水禽育种与营养创新团队长期聚焦优质肉鸭育种的核心科学问题——骨骼肌发育和优异风味物质沉积规律开展系统研究。近期陆续取得了阶段性进展。

一是北京鸭繁殖群体的重新测序为短期人工选择的基因组反应提供见解。这是鸭首个与经济性状显著相关的高置信结构变异的报道，阐明了结构变异在肌肉发育中的作用机制，为胸肌重选育提供了可靠的分子标记。二是北京鸭和连城白鸭骨骼肌结构及脂质成分的变化。为探究鸭胸肌的发育规律及组织结构，研究人员以北京鸭和连城白鸭为研究对象，采集不同发育阶段的胸肌，通过扫描电镜和透射电镜进行微观结构解析，发现连城白鸭肌束膜胶原结构较厚，且胸肌中胶原蛋白标志基因的表达量显著高于北京鸭。三是全基因组关联研究证明与鸭肌周厚度相关的基因。研究团队利用光学电子显微镜精确度量了北京鸭×绿头野鸭 F_2 群体的胸肌微观结构表型，明确了结构性状的变异规律，将肌束膜厚度性状定位到 27 号染色体的 *MAGI3* 基因，可以解释 13. 30%的肌束膜厚度变异和 2. 90%的肌内脂肪含量变异，说明肌束膜也为肌内脂肪的附着提供了物理空间。四是基于代谢组的鸭肉全基因组关联研究带来新的遗传和生化见解。研究团队成功建立了鸭胸肌三类物质的代谢谱库，共检测出2 481种亲水性代谢物、950 种脂类代谢物和 702 种加热后产生的挥发性物质。分析确定了烟酰胺单核苷酸（NMN）、甜菜碱、牛磺胺，缬氨酰甲硫氨酸等 87 种影响肉品质的关键代谢物及挥发物，48 个代谢物定位到大效应遗传调控基因。该研究明确了与肉品质相关代谢物的生化和遗传基础，为优质肉鸭新品种培育提供了丰富的基因资源，并为其他畜禽肉品质遗传改良提供了新的思路。

（来源：中国农业科学院北京畜牧兽医研究所）

美国培育气候智能型杂交奶牛

美国伊利诺伊大学厄巴纳—香槟分校的动物科学家团队通过杂交繁育的奶牛产奶量较塔桑尼亚本土品种增加 20 倍。团队将荷斯坦牛和泽西牛的产奶性能与热带国家常见的吉尔斯牛的耐热、耐旱和抗病能力结合起来，经过五代杂交固定后，杂交奶牛每天产奶量可达 10L，远超当地牛的平均产奶量（0. 5L）。研究结果 10 月 13 日发表于《动物前沿》（*Animal Frontiers*）。

研究团队于 2023 年 3 月将 100 个混血荷斯坦吉尔或泽西吉尔胚胎植入坦桑尼亚两个地点的本土牛体内，产生的犊牛将经过连续几代的自交，培育出具有5/8荷斯坦（或泽西）血统和 3/8 吉尔血统的杂交奶牛，其后代小牛将保持相同的遗传比例。该策略综合运用杂交育种、辅助生殖技术加速提高热带动物的生产效率，试点项目以畜群遗传改良作为提高牲畜生产力的核心，同时涵盖相关的教育和管理培训，以充分发挥畜群的遗传潜力。

此外，随着项目的开展，研究团队希望得到各国政府的重视和参与，建立联盟，制定支持该框架的公共政策，使其得以完善和有组织地扩展，覆盖邻近地区，并刺激其他国家采取类似的方法。

（来源：伊利诺伊大学厄巴纳-香槟分校）

我国鉴定出影响肉鸡饲料报酬的 SCFA 显著遗传位点

近日，中国农业科学院北京畜牧兽医研究所鸡遗传育种科技创新团队鉴定出影响广明 2 号白羽肉鸡微生物群及饲料报酬的盲肠短链脂肪酸（SCFA）的显著遗传变异位点，为解析饲料报酬性状调控机制提供了新的思路，为创新高效选育技术提供了重要理论依据。

饲料报酬性状的调控机制极其复杂，包括宿主遗传和肠道微生物群。然而，对肠道微生物群和宿主遗传的协同作用的机制还知之甚少。针对上述问题，研究团队以多世代选育的广明 2 号白羽肉种鸡群体为素材，对 464 只鸡进行了采食量单笼测定和全基因组测序，并对 300 只鸡的盲肠微生物和短链脂肪酸浓度进行了检测。全基因组关联研究（GWAS）表明，盲肠短链脂肪酸具有中等及以上遗传力，且盲肠 4 种短链脂肪酸浓度均与基因组变异显著相关，类群盲肠丰度较高的个体表现出更好的饲料报酬和较低的盲肠短链脂肪酸浓度。研究表明宿主基因组变异通过影响盲肠微生物群进而调节饲料报酬来影响盲肠 SCFA。

（来源：中国农业科学院北京畜牧兽医研究所）

我国科研团队获得高质量猪基因组结构变异图谱

近日，中国农业科学院北京畜牧兽医研究所猪遗传育种科技创新团队在猪基因组结构变异研究中取得进展。该研究通过整合多个结构变异软件的性能，成功获得含有123 151个结构变异的高质量猪基因组结构变异图谱。相关成果10月7日发表于《动物科学与生物技术杂志》(*Journal of Animal Science and Biotechnology*)。

基因组重排会产生大量的结构变异，尽管这些变异主要发生在非编码区，但结构变异会通过剂量效应调控基因的表达。并且，与SNP相比，结构变异在复杂表型中所占比例更高。目前，结构变异已被认为是影响基因组进化和功能的重要突变力量。近年来，尽管已有一些关于猪基因组结构变异的研究报道，但基于结构变异的全基因组关联研究却鲜有报道，这限制了对结构变异作为遗传标记的潜在功能以及利用的理解。

研究团队以自主构建的大白猪和民猪资源群体为研究对象，通过利用高覆盖率的 F_0 个体并结合多个结构变异工具进行分析，获得了包含123 151个结构变异的高质量图谱，其中53.95%的结构变异为首次获得。这些高质量的结构变异被用于恢复种群结构，证实了基因分型的准确性。然后根据位置效应和品种分化确定了大量潜在的结构变异功能位点。最后，利用在 F_0 个体中筛选出的潜在因果位点在后代群体（F_2）中相应的基因组位置进行基因分型，对36个性状进行了全基因组关联研究，发现结构变异主要涉及骨骼大小相关的性状，与肉质性状和其他一些胴体性状关联度较差，推测结构变异可能与欧亚猪种之间的体型差异有关。

（来源：*Journal of animal science and biotechnology*）

最新研究揭示人工选择作用下家羊基因组特征的变化

中国农业大学动物科学技术学院李孟华教授团队的一项研究揭示了经过人类驯化的家羊与其野生祖先相比，遗传多样性的变化以及在染色体水平上选择压力的差异，并揭示了在自然选择和人工选择双重作用下的基因组特征。相关研究结果11月21日在线发表于《科学中国-生命科学》(*SCIENCE CHINA Life Sciences*)。

这项研究从现有数据库中收集了205个家绵羊个体、21个亚洲摩弗伦个体、60个家山羊个体以及19个野山羊个体的全基因组测序数据，基于二态性SNP位点进行分析。通过SNP位点分布、θπ分析、连锁不平衡（linkage disequilibrium，LD）分析以及长纯合片段（runs of homozygosity，ROH）分析揭示了家羊与其野生祖先在遗传多样性上的差异；通过 θπ 和 iHS 分析，结合基因注释、GO 基因富集分析和等位基因频率揭示了家羊与其野生祖先在染色体水平上的选择压力差异。该研究从全基因组水平上对家羊与其祖先群体进行遗传学分析，探究驯化和人工选择作用导致的家羊群体表型特征变化对于基因组特征的影响，尤其是对性染色体基因组特征的影响。

（来源：sciengine. com）

研究揭示山羊驯化与基因突变有关

近日，西北农林科技大学领导的研究团队在山羊驯化行为的遗传解析方面取得重要研究进展。该研究通过对现代家羊和野生群体进行全基因组范围的比较分析，确定了山羊全基因组上最强的受选择信号区位于 15 号染色体上一段 80kb 的区域，包含两个蛋白编码基因 *STIM1* 和 *RRM1*。这两个基因与神经递质运输和胚胎时期的神经管发育相关，且该基因座与人类儿童攻击性行为相关，故推测该受选择区可能与驯化行为相关。

这项研究筛选得到位于 *RRM1* 基因且在物种中高度保守位点上的遗传变异 RRM1I241V，结合多组学分析、基因编辑小鼠模型的构建以及多种行为学实验验证，揭示了在山羊驯化过程中，RRM1I241V 对山羊行为产生重大影响。这是首次将驯服行为和具体的基因突变关联起来，对研究动物的行为改变具有启示意义，或许对人类精神疾病的治疗有借鉴意义。研究成果 6 月 23 日发表于《科学进展》（*Science Advances*）。

（来源：phys. org）

USDA 将全球非洲猪瘟病毒重新划分为 6 种基因型

美国农业部农业研究服务局（USDA-ARS）11 月 13 日宣布，研究人员已将非洲猪瘟（ASF）病毒株的数量从 25 种重新分类为仅 6 种独特的基因型。这项科学创新可能有助于重新定义对全球非洲猪瘟病毒（ASFV）分离株的分类方式，并可能使科学家更容易开发出与不同地区流行毒株相匹配的疫苗。

这项工作涉及重新分析全球 ASFV 实验室产生的 1.2 万种历史和当前病毒分离株，ARS 的研究人员利用 SciNet 超级计算机集群的计算能力实现了这项分析工作。相关成果 11 月 11 日发表于《病毒》（*Viruses*）。

此前，全球范围内已鉴定出 25 种不同的病毒基因型。研究发现，实际上，ASF 独特的基因型比目前认同的种类要少，这意味着影响全球的 ASFV 多样性较少。这一信息很重要，可能减少预防 ASFV 基因型所需的疫苗数量。病毒的准确分类对于流行病学调查和制定具有成本效益的对策至关重要。

（来源：美国农业部）

资源环境

新疆生地所干旱区农田土壤微塑料污染研究获进展

新疆地处我国西北干旱区，进入新世纪以来节水灌溉农业快速发展，膜下滴灌技术得到广泛应用。由于农膜机械回收不彻底，残膜逐渐风化，破碎成为微塑料（φ<5 mm），造成农田土壤生态劣化，并可危害作物生产和食品安全。中国科学院新疆生态与地理研究所李生宇团队，对新疆农田传统聚乙烯（PE）地膜微塑料的赋存特征、迁移转化规律和生物可降解地膜 PBAT（聚己二酸对苯二甲酸丁二酯）微生物降解及其对土壤微塑料的贡献开展了系列研究。

研究结果显示，农田土壤微塑料以薄膜为主，广泛分布在整个耕作层，并受耕作强烈扰动，土壤微塑料污染水平受到农业活动、作物类型、耕种模式的显著影响，土壤微塑料丰度也因农田利用类型而不同，呈大棚>菜地>大田。农田中微塑料主要来源于残膜碎片，而沙漠公路沿线则主要来源于塑料固沙材料和公路沿线丢弃的生活塑料垃圾，城市街灰中微塑料丰度与人口规模和人类活动密切相关。冷孢杆菌（*Peribacillus frigoritolerans* S2313）对生物可降解地膜具有明显降解作用，8 周后降解率可达 12.45%，其降解过程可满足棉花、玉米等主要农作物对土壤湿度的需求。研究成果 2023 年 1 月 20 日发表于《总体环境科学期刊》（*Science of the Total Environment*），2022 年 7 月 22 日和 12 月 19 日发表于《国际环境研究与公共健康期刊》（*International Journal of Environmental Research and Public Health*）。

（来源：*International Journal of Environmental Research and Public Health*）

粮食作物镉污染风险评估和控制策略进展

近期，中国科学院植物所何振艳团队与南京土壤所骆永明团队联合发表了粮食作物中镉污染风险评估和控制策略的综述文章。研究提出了控制粮食作物中镉污染风险的“基因型”和“环境型”双引擎驱动的智能化策略。研究结果 2 月 7 日在线发表于国际期刊《环境科学与技术评论》（*Critical Reviews in Environmental Science and Technology*）。

从基因型角度，策略是定向培育和智能创制低镉作物新型种质。科研人员对三大主粮作物的籽粒镉超标情况进行荟萃分析，发现低、中、高镉污染的田间试验均有作物籽粒镉积累超标现象，且物种间的镉污染风险差异显著；探讨了“优异变异”在未来低镉作物新型种质创制中的重要性，并结合大数据智能化技术提出两种范式：一是通过连锁关联定位、全基因组关联研究和全基因组选择等手段挖掘和聚合自然种群中的优异变异，精准定向培育低镉作物，二是利用同源建模、蛋白从头设计、基因编辑等手段设计和实施自然种群中不存在的人工优异变异，创制低镉作物新种质。

从环境型角度，策略是构建土壤环境镉阈值—不同粮食作物品种—籽粒镉含量的智能化模型，明确不同土壤的适种品种。通过分析影响作物镉积累的土壤环境因素，讨论了基于线性回归、机器学习等算法构建的环境型—表型模型预测作物适种土壤环境镉阈值的重要性，展望了智能农业、物联网等技术在精准控制土壤环境镉阈值中的应用潜力。

（来源：*Critical Reviews in Environmental Science and Technology*）

稻田土壤碳铁复合物对有机碳的保护效应与机制研究取得进展

近期，中国科学院亚热带农业生态研究所吴金水研究团队就稻田土壤碳铁复合物对有机碳的保护效应与机制研究取得进展。该研究明确了铁矿物通过降低其结合的碳被矿化并诱导负激发效应（抑制土壤有机碳矿化），进而促进稻田土壤有机碳积累，且碳积累增强效应取决于铁矿物的结晶度以及碳负载量。因此，促进无定型铁矿物向晶型铁矿物转化，可增强富铁水稻土有机碳积累。该工作有助于剖析碳铁复合物促进南方红黄壤性水稻土有机碳积累的过程机制，并对该区域土壤肥力提升与田间综合管理具有重要指导意义。研究成果4月发表于国际期刊《土壤生物学与生物化学》（*Soil Biology and Biochemistry*）。

（来源：中国科学院）

研究提出华北平原冬小麦高产高效滴灌水肥一体化施氮模式

近日，中国农业科学院农田灌溉研究所非充分灌溉原理与新技术团队研究发现，滴灌水肥一体化条件下灌水定额 45 mm、氮肥基追比 5∶5 小麦产量最高，并能提升环境效益，为冬小麦高效种植提供了指导。研究人员分析滴灌水肥一体化条件下不同施肥方式、灌溉制度对冬小麦生长、产量和光合能力的影响，发现适宜的氮肥基追比会显著提高小麦地上部生物量、籽粒产量、光合和叶绿素参数以及植株养分含量。该成果为改善华北平原冬小麦灌溉、施氮措施，提高冬小麦生产潜力提供了参考依据。研究成果 1 月 13 日在线发表于《植物科学前沿》（*Frontiers in Plant Science*）。

（来源：中国农业科学院网站）

研究解析长期施用有机肥增加北方农田无机碳机理

近日，中国农业科学院农业环境与可持续发展研究所生物节水与旱作农业团队，首次解析了长期施用有机肥增加北方农田无机碳储量机理，并量化了化肥引起土壤无机碳的损失总量。该研究首次明确了有机肥增加无机碳的主要途径是增加次生碳酸盐的形成和缓解原生碳酸盐的损失。此外，在禹城盐碱地，发现秸秆还田可增加土壤无机碳储量，这为盐碱地固碳减排提供了新的思路。研究首次量化了长期施用化肥造成无机碳的损失量为初始土壤碳储量的 12%～18%，还揭示了长期施肥制度下无机碳的损失和封存途径，并对土壤碳的储存和排放做出科学评价。研究成果 2 月 4 日发表在《环境化学快报》（*Environmental Chemistry Letters*）。

（来源：中国农业科学院网站）

全国水稻氮肥用量优化研究获进展

近日，中国科学院南京土壤研究所与美国加利福尼亚大学、美国马里兰大学、中国农业大学等合作，构建了不同稻区水稻产量与活性氮排放-施氮量定量关系模型，建立了以经济和环境经济指标为优化依据的适宜氮量分区确定方法，并通过大范围田间试验验证了可行性，分析了产量、经济和环境经济效益变异，多角度评估了氮量优化的有效性，提出了以区域适宜施氮量为核心、可持续生产为目标的我国水稻氮肥分区控制新策略。区域施氮量优化技术可保障水稻总产能目标下，减少氮肥投入10%～27%，减排活性氮7%～24%。田块变异分析表明，区域氮量优化可在85%～90%的点位上实现水稻基本平产或增产，90%～92%点位上做到收益大体持平或增加，93%～95%点位上实现环境经济效益无明显降低或提高，同时提高氮肥利用率30%～36%。研究成果2月22日发表于《自然》（*Nature*）。

（来源：中国科学院）

大阪大学成功开发激光击落害虫新技术

日本大阪大学激光科学研究所的研究团队，发现了用激光驱除害虫时的关键部位，该发现属于全球首例。研究对象是对杀虫剂有耐药性，并对农作物有巨大为害的斜纹夜蛾。研究团队发现其要害部位是胸部及脸部，并确认用试制的激光和追踪装置能够将其驱除。

研究团队通过对斜纹夜蛾各部位局部照射蓝色半导体激光，检查其损伤程度，发现胸部和面部损伤较大，瞄准这些要害，能以较低的光能驱除斜纹夜蛾。研究人员对飞行中的斜纹夜蛾进行图像检测并跟踪，通过蓝色半导体激光照射脉冲光，可以成功地将其击落。此外，该方法还适用于以沙漠蝗为标准的国内蝗虫，研究团队也证实了蝗虫的胸部为其要害部位。

（来源：keguanjp. com）

名古屋大学查明灰霉菌感染机制

名古屋大学的研究团队查明了给农作物带来巨大损失的灰霉菌病原菌感染农作物的机理。研究团队在识别出农作物产生的抗菌物质后，激活了合成解毒酶的基因。该成果有助于开发可消除病原菌感染力，且对环境不会造成负面影响的“RNA（核糖核酸）农药”。

灰霉菌能感染番茄、青椒等蔬菜，葡萄等水果，以及花卉等1 400多种植物。据推算，其在全球每年造成的损失高达8万亿日元。研究团队对灰霉菌在解毒抗菌物质时起作用的基因进行了全筛分析。结果发现，如果让青椒及烟草生成的抗菌物质椒二醇（Capsidiol）起作用，就会激活合成促进解毒反应酶的基因。而对于西红柿和土豆生成的日齐素（Rishitin）、葡萄生成的白藜芦醇（Resveratrol）等抗菌物质则会激活别的基因并解毒，即灰霉菌可以识别抗菌物质，并激活相对应的基因。当缺少产生对椒二醇的解毒酶基因时，灰霉菌就会无法解毒青椒和烟草中的抗菌物质，变得难以感染，但对番茄及土豆的感染力不会改变。研究团队认为，灰霉菌通过不同种类微生物之间传递基因的“水平传播”，获得了解毒各种抗菌物质的基因。

这项研究旨在将可抑制目标基因发生作用的“RNA干涉”应用于下一代农药，研究还将关注如何降低RNA合成成本，以及开发可有效应用于RNA农药的技术。

（来源：keguanjp. com）

国际团队合作揭示全球土壤碳储存机制

近日，以清华大学和康奈尔大学为首的国际团队在生态学和计算机科学领域开展深度学科交叉研究，利用人工智能和数据同化技术，揭示了微生物碳利用效率对全球土壤有机碳储量的决定性作用。该研究立足于过去两百年的土壤碳循环理论，整合了世界最大的土壤有机碳数据库，并结合先进人工智能和数据同化技术，首次系统评估了各种土壤碳循环过程对全球土壤有机碳储存的相对贡献，为通过土地管理影响微生物过程、促进土壤固碳和实现碳中和目标提供了科学理论基础。研究构建的机理模型、生态大数据与人工智能相融合的新范式也为其他相关领域研究提供了新思路。该成果于5月24日发表于《自然》（*Nature*）。

研究团队以微生物碳利用效率为变量，整合了微生物过程对土壤有机碳储存的双重控制机制，探讨了其与全球土壤有机碳储量的关系。研究将土壤碳循环机理模型与50 000多条土壤碳观测数据相融合，确定了微生物过程对土壤有机碳储存最可能的控制路径。发现在全球范围内，微生物碳利用效率与土壤有机碳储量正相关，微生物代谢中对有机合成较高的碳分配比例最终导致了土壤有机碳的积累而不是流失。

研究团队进一步基于团队自主开发的“过程驱动和数据驱动融合的深度学习建模（PRODA）方法”，将站点尺度的数据—模型融合结果扩展到全球尺度，获取了包括微生物碳利用效率在内的7类土壤碳循环过程的空间分布格局，并定量评估了它们对全球土壤有机碳储量和空间分布的相对贡献。研究还发现，微生物过程在土壤碳储存中发挥着最为关键的作用。准确描述微生物碳利用效率的空间格局是准确模拟全球土壤有机碳储量和空间分布的关键。

（来源：清华大学）

微塑料在小麦幼苗体内的积累分布及其对小麦生长和生理的影响

中国科学院西北生态环境资源研究院范桥辉研究团队与中国科学院南京土壤研究所骆永明研究团队进行深入合作研究，利用高光谱增强暗场显微镜记录了在400~1 000 nm波长范围内的高光谱传感器中聚苯乙烯微塑料（PS）的独特光谱特征，进而准确示踪了200 nm无标记PS在小麦幼苗中的积累状态。研究表明，PS主要在木质部导管内壁积累，并随蒸腾流向地上部传输。高浓度PS显著改变了小麦根系导水率，抑制了小麦主根和地上部生长，降低了小麦叶片光合作用，并对小麦幼苗造成严重的氧化损伤。通过对比小麦暴露在PS及其透析液后的生理生化指标发现，PS透析液对小麦生长、光合色素、抗氧化系统均无显著影响。可以推测，暴露后小麦所产生的毒性效应是由PS本身而不是由其合成过程中所添加的化学试剂引起的。研究成果为准确认识土壤—植物系统中微塑料的地球化学过程和行为提供重要理论基础，并为微塑料的生态环境风险和毒性评估等提供理论支持。该成果5月22日在线发表于环境科学领域权威期刊《有害物质杂志》（*Journal of Hazardous Materials*）。

（来源：sciencedirect. com）

广东工业大学开展基于文献的全球海洋微塑料新环境风险评估

广东工业大学的最新研究对165篇关于海洋微塑料（MP）污染的文章进行了meta分析。研究发现，全球海洋MP丰度呈现出显著的空间异质性，其分布格局受离岸距离、人口密度和经济发展的影响。MPs的形态特征表明，海水和海洋沉积物之间存在显著差异，且小尺寸MP（<1 mm）是主要组成部分。环境风险评估显示，在全球范围内，大多数海洋MP污染仍然处于低浓度，聚氨酯（PU）、聚丙烯腈（PAN）和聚氯乙烯（PVC）具有较高的环境风险贡献。此外，陆地废弃物（占海洋MP来源的80%）和海上作业被认为是海洋MP的主要来源，主要聚集在近岸海底、海洋水柱和深海海底环境中。这项研究表明，meta分析和蒙特卡洛模拟的结合可以为全球海洋MP的赋存特征和环境风险提供更多有价值的信息。研究成果2022年12月20日在线发表于《环境管理杂志》（*Journal of Environmental Management*）。

（来源：sciencedirect. com）

农村农业部环境保护科研监测所等机构开展“土壤中微塑料来源及识别”研究

农业农村部环境保护科研监测所和天津城建大学对土壤中微塑料的来源及识别开展研究。文章指出微塑料主要通过农膜覆盖和有机肥的施用进入土壤。同时，还会经由地表径流和污水灌溉、污泥回流、大气沉降和垃圾渗漏等进入到土壤中，并在土壤中不断汇集，导致土壤中微塑料污染越来越严重。文章综述了土壤微塑料的物理分离方法，如密度分离、静电分离、油提取和加压液提取，以及化学提取方法，如酸消化、碱消化、过氧化氢和芬顿试剂氧化、酶水解等。还梳理了通过显微镜、光谱、质谱、热重分析、差示扫描量热法、X射线光电子能谱和核磁共振等方法检测土壤微塑料的技术。最后，从了解微塑料对土壤功能和健康的影响、开发源头控制和环境修复技术、研究低成本快速分离和提取方法以保持微塑料的特性、加强自动化程度以避免人为操作错误等方面提出了展望。研究成果 5 月 23 日在线发表于《土壤与环境健康》（*Soil & Environmental Health*）。

（来源：sciencedirect. com）

武汉大学呼吁开展综合行动以缓解农田土壤中微塑料危害

近日，武汉大学遥感信息工程学院教授李仲玢课题组的研究指出，土壤微塑料正在威胁着农业和人类健康，呼吁政府部门、非政府组织、科学家以及工业界等利益相关者应开展综合行动以缓解农田土壤中微塑料的危害。预计到 2030 年，农业塑料的需求量将增长 50%。农业塑料分解后生成的微塑料通过食物链和水循环进入人体，已在人体肠、肺、血液、大脑，以及母乳中被发现。这些外来物质会引发人体组织排斥和炎症，极大地危害了农业生产和人类健康。需要采取紧急行动缓解土壤微塑料污染，并帮助指导可持续农业生产。该研究呼吁，采取量化全球农田土壤中的微塑料含量（例如使用卫星遥感技术）、限制农用塑料的最大使用量、鼓励使用生物降解塑料和立法等方式，为缓解土壤微塑料污染并帮助农业可持续生产提供解决方案。研究结论 2 月 9 日在线发表于《科学》（*Science*）。

（来源：science. org）

微塑料能否调节土壤性质、植物生长和碳/氮周转?

来自农业农村部环境保护科研监测所和美国奥本大学的学者，系统总结了微塑料在陆地生态系统的来源和分布特征，并探讨了它们对土壤性质、植物生长、碳/氮周转的影响。微塑料一旦进入陆地生态系统，可以通过改变土壤性质参与固碳/氮。微塑料可以直接影响植物或土壤物理环境和微生物代谢环境，间接影响植物生长，从而通过植物凋落物和根系的变化改变土壤碳和氮输入的数量和质量。微塑料污染引起的优势菌门、相关功能基因和酶的变化会影响碳/氮周转。此外，微塑料的影响随其性质（如类型、形状、元素组成、官能团、释放的添加剂）而变化。未来的研究应统一微塑料分离、检测的标准体系，揭示微塑料的生态效应，特别是气候变化背景下对陆地碳氮循环的影响。研究结果2022年10月27日在线发表于《生态系统健康与可持续性》（*Ecosystem Health and Sustainability*）。

（来源：*Ecosystem Health and Sustainability*）

北京市农林科学院在不同原料有机堆肥中微塑料污染特征和生态风险评估研究方面取得新进展

近日，北京市农林科学院资环所微塑料创新团队综合评价了不同原料有机堆肥中微塑料的污染特征和生态风险。在我国有机废弃物被广泛用作有机资源的背景下，为有机堆肥在农业生产中的安全应用和低微塑料含量堆肥生产标准的制定提供了科学指导。

该研究对北京主要农作物（粮食作物、设施蔬菜和果树等）生产中常用的不同原料有机堆肥进行了广泛调研并采集了124个堆肥样品，堆肥原料主要包括家畜粪便（羊粪、猪粪和牛粪）、家禽粪便（鸡粪、鸭粪和鸽子粪）、作物秸秆（蔬菜和蘑菇秸秆）、固体废物（生活垃圾和污泥）和混合原料（以蚯蚓粪为主）。研究结果发现：上述不同原料有机堆肥中微塑料的平均丰度分别为3 277 items/kg、3 529 items/kg、1 500 items/kg、6 615 items/kg和2 320 items/kg，其中固体废弃物堆肥中微塑料丰度显著高于其他堆肥，家畜和家禽粪便堆肥中微塑料丰度无显著性差异，但均显著高于作物秸秆和混合原料堆肥；不同堆肥中微塑料粒径以0.5~1 mm为主（39.5%），微塑料丰度占比随粒径增加均呈现先增加后降低的趋势；微塑料形态包括纤维类、碎片类、薄膜类和颗粒类；作物秸秆堆肥中微塑料风险指数为8.8，微塑料危害等级为Ⅱ级，污染风险低，家畜、家禽粪便和混合原料堆肥中微塑料风险指数分别为67.3、83.6和34.7，微塑料危害等级均为Ⅲ级，污染风险均为中等；固体废弃物堆肥中微塑料风险指数为134.1，微塑料危害等级为Ⅳ级，污染风险高。

（来源：sciencedirect.com）

美国科学家研制出以农业废弃物为食的生物工程酵母

酵母通常以水果和谷物中的糖分以及其他营养物质为食，近日，美国塔夫茨大学的研究人员制造出可以以农业废弃物为食的改良酵母。该研究团队制造的新型酵母可以以木糖、阿拉伯糖和纤维二糖等糖为食，这些糖可以从不易消化的木质部分提取，这些木质部分在收割后通常被丢弃，如玉米秸秆、玉米皮和叶子，以及麦秆，被称为“农业废弃生物质”。

研究人员指出，如果能让酵母以废弃生物质为食，将创造出一个低碳足迹的生物合成产业，例如，燃烧酵母合成的生物燃料所产生大量二氧化碳，在第二年会被农作物重新吸收，而酵母以农业废弃生物质为食可以制造出更多的生物燃料，如此形成碳循环。每年约产生的 13 亿吨农业废弃生物质，所能提供的糖足以推动酵母生物合成产业的发展。

这种生物工程酵母具有广泛的应用前景，可以用于生产生物合成产品（包括胰岛素、人类生长激素和抗体等药物），也可以通过表达刺激免疫系统的病毒小片段用于生产疫苗，还可以被重新设计产生用于制造药物的天然化合物（这些天然化合物往往是从稀有植物中提取获得）。这些药物包括用于缓解晕动病和术后恶心的东莨菪碱，用于治疗帕金森病的阿托品和用于治疗疟疾的青蒿素。这种新型酵母还可以用于生产生物降解塑料的原材料，例如聚乳酸，而无需从石油来源获取原材料。

（来源：塔夫茨大学）

瑞士发现玉米根系分泌物可提高小麦产量

玉米根会分泌某些影响土壤质量的化学物质。在一些田地中，这种效应可以使在同一土壤中继玉米之后种植的小麦产量提升 4%以上。瑞士伯尔尼大学植物科学研究所（IPS）联合巴塞尔大学进行了田间实验，证明来自玉米根部的特殊代谢物可以提高后茬种植的小麦产量。研究成果 8 月 1 日发表于 *eLife*。

研究团队首先种植玉米，在土壤中检测到苯并嗪类化合物，随后在不同条件的土壤上种植了 3 种冬小麦，并对它们的生长状况、产量和品质进行评估，证明苯并恶嗪类化合物可以改善植物发芽并增加分蘖，促进小麦生长和作物产量。在经过苯并恶嗪类化合物调节的土壤中，小麦产量增加了 4%以上，且谷物品质没有降低。这项研究提供的证据表明，可以通过种植产生次生代谢产物的植物来调节土壤，并在农业实践中利用植物—土壤反馈机制来提高作物产量。如果这种现象在不同的土壤和环境中都成立，那么优化根系分泌物化学成分可能是一种强大的、基因上易于处理的策略，无需额外投入即可提高作物产量。

（来源：elifesciences. org）

中国团队研发碱性镉污染土壤修复新技术

近日，农业农村部环境保护科研监测所重金属生态毒理与污染修复创新团队研究发现，通过向土壤中添加钙改性生物炭，并种植低镉累积玉米品种，可以有效修复碱性镉污染土壤，该研究为镉污染土壤的修复和土壤生态环境的改善提供了理论依据。相关研究成果 8 月发表于《土壤与耕作研究》（*Soil & Tillage Research*）。

改善碱性镉污染土壤对于保障农产品质量安全具有重要意义，选择适合的修复措施尤为关键。该研究表明，镉优先富集在粒径小的土壤颗粒中，钙改性生物炭促进了镉从微团聚体向大团聚体的再分配作用。添加钙改性生物炭后，两个低镉累积玉米品种籽粒中镉含量较对照组分别降低了 37. 55%～50. 80%和 23. 60%～51. 20%。测序结果表明，钙改性生物炭改变了微生物群落结构和组成，主要表现为物种数目和多样性指数以及优势物种相对丰度显著增加。研究结果表明，钙改性生物炭与低镉积累玉米联合管理是修复弱碱性镉污染土壤的有效途径，该技术在镉污染土壤的安全利用和改善农业土壤微生态环境方面具有良好的应用潜力。

（来源：*Soil & Tillage Research*）

生物炭可作为改善盐渍土壤健康的可持续性负碳工具

生物炭作为一种负碳工具能够有效改善盐渍土壤的物理、化学和生物健康，且可实现盐渍土壤绿色改良和可持续利用管理。中国海洋大学和美国麻省大学的研究团队对“生物炭作为改善盐渍土壤健康的可持续工具”进行了综述性研究，成果于 9 月发表于《土壤与环境健康》（*Soil & Environmental Health*）。

联合团队通过对 89 项研究的 831 组数据进行荟萃分析，从土壤健康评估的物理指标（如团聚体稳定性、孔隙度、容重、含水量、温度）、化学指标（如盐度、pH 值、阳离子交换能力、土壤有机碳、氧化还原特性、养分含量）和生物学指标（如细菌、真菌、酶活性、植物）3 个方面定量评估了生物炭对盐渍土壤健康的影响。结果显示，生物炭的添加显著改善了土壤的物理化学性质，提高了团聚体的稳定性（15.0%~34.9%）、孔隙率（8.9%）和保水能力（7.8%~18.2%），增加了阳离子交换能力（21.1%）、土壤有机碳（63.1%）和养分有效性（31.3%~39.9%），并降低了土壤容重（6.0%）和缓解了盐胁迫（4.1%~40.0%）。加入生物炭后，土壤生物健康也可以得到改善，特别是提高了微生物生物量（7.1%~25.8%），促进了酶活性（20.2%~68.9%），并最终促进植物生长。该研究提出了评估盐渍土壤的健康状况重要的是选择与生态服务功能相关的指标，包括植物生产、水质、气候变化和人类健康，并指出未来盐渍土壤的健康评价应侧重于生物炭施用后的土壤生态系统的多功能性。最后论述了盐渍土壤改良中生物炭研究和土壤健康评价技术的局限性和未来需求。该研究加深了对盐渍土改良中生物炭的作用机制的科学认识，为开发适用于盐渍土健康修复的功能化生物炭材料和技术提供了理论依据。

（来源：*Soil & Environmental Health*）

中国科学家发现生物炭是导致水稻籽粒镉积累的重要原因

来自扬州大学水稻产业工程技术研究院和江西农业大学农学院的一项最

新研究，从生理生化角度阐明了生物炭固定土壤镉（Cd）但仍导致水稻镉积累的原因，揭示了生物炭修复重金属污染土壤需要通过作物完善评估效果，而不是简单地评估土壤状况。研究结果8月9日发表于《生物炭》（*Biochar*）。

生物炭可以改变土壤Cd的有效性和形态。然而，以往关于生物炭影响水稻籽粒Cd积累的机理研究主要集中在土壤层面，而生物炭调控Cd从根到地上部（籽粒）转运的潜在生理机制尚不清楚。此外，尤其是在不同灌溉方式下，生物炭对水稻体内Cd化学形态和亚细胞分布的影响知之甚少。

该研究采用盆栽试验，将生物炭施入Cd污染土壤中，在水稻生长季分别进行持续淹水和间歇灌溉。调查了Cd在水稻各器官中的积累、化学形态和亚细胞分布以及相关生理特征。在持续淹水和间歇灌溉条件下，生物炭均显著降低了土壤有效Cd含量，但增加了糙米Cd含量。此外，间歇灌溉处理水稻各器官Cd含量高于持续淹水处理。在两种灌溉方式下，生物炭都提高了根中Cd可溶组分，降低了细胞壁组分，而在叶片中观察到相反的结果。生物炭在两种灌溉方式下都增加了根中水、乙醇和NaCl提取态Cd，同时增加了叶片中乙醇提取态Cd。此外，间歇灌溉处理水稻根中水、乙醇和NaCl提取态Cd的总量高于持续淹水处理。相关激素和抗氧化酶也可能参与了生物炭介导的水稻籽粒Cd积累。该研究表明根和叶中Cd化学形态和亚细胞组分的变化是生物炭导致水稻籽粒Cd积累的主要原因。

（来源：springer. com）

英国研究建筑垃圾可用于种植番茄

英国朴茨茅斯大学（UoP）的一项研究发现，经过高度加工处理的建筑垃圾（通常会被填埋），可以用于种植西红柿。

建筑、拆除和挖掘废弃物通常通过一个被称为“滚筒筛”的大型滚筒进行处理，滚筒筛按大小分离废料。太小而无法有效回收的被称为“粗筛粉”。从事材料与环境创新的研究人员进行了一项为期70天的番茄生长试验，发现将堆肥与20%的粗筛粉混合可以为植物和根系的强健生长提供足够的营养。

近期的一份英国政府报告称，英国每年产生约2.22亿t废弃物，其中62%是建筑和拆迁废弃物。粗筛粉细粒尺寸小于10 mm，由惰性和有机材料的小颗粒组成，包括土壤、碎石、混凝土、玻璃、金属、塑料、木材和绝缘材料。目前，这种废弃物只能被填埋。但通过 UoP 的这项研究发现，粗筛粉有可能被重新利用，进而造福园艺和农业等各个行业。

研究团队测试了粗筛粉是否可以用于生产土块，以制造各种土基建筑材料。结果发现，与纯粹的土壤相比，将 50%的土壤与 50%的粗筛粉混合制成压缩土块，只会对其抗压强度和抗拉强度产生轻微影响。这表明，在不影响结构完整性的情况下，粗筛粉可以整合到建筑、景观和其他应用的土壤成分中。尽管还需要进一步的研究来提高混合有粗筛粉的压缩土块的抗压性和抗拉性，但从这项研究中得出的一个关键结论，它们具有土壤和骨料（混凝土的主要成分之一）等天然材料的特性，因此可以像天然土壤一样处理。这项研究不仅展示了粗筛粉从垃圾填埋场变废为宝、促进循环经济及其环境影响的潜力，还突出了这种经常被忽视的副产品的多功能性。该发现为更可持续的建筑实践、减少对传统资源的依赖以及创新的园艺解决方案打开了大门。

（来源：朴茨茅斯大学）

中国科学家揭示菌根共生营养交换的“刹车”调控机制

中国科学院分子植物科学卓越创新中心与华东师范大学生命科学学院合作，发现 ERM1/WRI5a-ERF12-TOPLESS 作为一个新的正-负反馈环，动态调控营养交换和丛枝发育，进一步完善了丛枝菌根共生营养交换与调控的理论框架。相关研究结果发表于《自然-通讯》（*Nature Communications*）。

这项研究证明苜蓿中 Half-size ABCG 转运蛋白 STR 与 STR2 形成二聚体，介导脂肪酸向丛枝真菌转运。该工作鉴定到 ERF 家族两个新的转录因子 ERM1 和 ERF12（两者相互拮抗调控营养交换基因表达）。其中，ERM1 通过靶向基因启动子中的 AW-box 与 AW-box-like 元件激活下游脂质合成及转运相关的基因表达，正调控菌根共生。而在共生后期 ERM1/WRI5a 会适度激活 ERF12 的表达。ERF12 是菌根共生的负调控因子，作为桥梁蛋白招募 TOPLESS 家族辅抑制因子，抑制共生相关基因表达，从而对脂质转运过程“踩刹车”，避免植物自身资源的无效输出。

（来源：*Nature*）

瑞典开发促进作物生长的“电子土壤”

瑞典林雪平大学的研究人员开发出一种用于无土栽培的导电“土壤”，这种生物电子土壤被称为 eSoil，可以在水培环境中为植物的根系及其生长环境提供电刺激。研究表明，种植在导电“土壤”中的大麦幼苗在根部受到电刺激 15 天后干物质平均增加了 50%。相关研究结果 12 月 26 日发表于《美国国家科学院院刊》（*PNAS*）。

eSoil 是一种低功耗生物电子生长基质，其主要结构成分是纤维素。研究发现，将广泛用作饲料的大麦幼苗种植在 eSoil 中，其根系集中在 eSoil 的多孔基质中。通过这种新的栽培基质对大麦幼苗根系进行电刺激可加速幼苗生长，15 天后植株干重平均增加 50%，这种刺激对根和芽的发育效果也很明显。受刺激的植物比对照植物更能有效地同化 NO_3^-，这一发现可能有助于减少化肥的使用。eSoil 为水培的进一步发展开辟了新的路径，便于以可持续的方式提高作物产量。这项工作也开辟了利用物理刺激促进植物生长的途径，有助于更好地了解植物对电场的反应。

（来源：phys. org）

食品科学

科研人员开发高效转化人造淀粉和单细胞蛋白新方法

近日，中国农业科学院生物技术研究所微生物蛋白设计与智造创新团队与国内相关科研单位合作，开发了一种利用玉米秸秆高效生物合成人造淀粉和单细胞蛋白的新技术，进一步降低了人造淀粉的生产成本，为粮食生产提供了新的途径。研究成果发表于《科学通报》（*Science Bulletin*）。

这项研究创建了一种使用农业废弃物（玉米秸秆）高效合成人造淀粉和微生物蛋白的新技术，利用包含纤维素降解酶和淀粉合成酶的体外多酶分子体系，与酿酒酵母进行生物转化，把玉米秸秆中的纤维素高效酶水解合成人造淀粉，同时在有氧条件下低成本发酵生产微生物蛋白。这种新方法首次创建了从商业化纤维素酶中去除β-葡萄糖苷酶的高效纤维素降解及纤维二糖生成技术，能有效控制和降低纤维素酶成本，同时利用底物穿梭效应减少产物抑制，提高纤维素酶水解能力。整个生物制造过程中无需辅酶和能量输入，没有糖损失，而且设备投资小，为满足人造淀粉和微生物蛋白生物合成的经济性要求提供了可能。

（来源：中国农业科学院网站）

增强糖苷水解酶催化效率的新策略

近日，中国农业科学院北京畜牧兽医研究所姚斌院士团队和中国农业科学院生物技术研究所微生物蛋白设计与智造创新团队合作，开发了基于深度神经网络和分子进化分析，提高糖苷水解酶催化活性的新策略。相关研究成果9月29日发表于《科学通报》（*Science Bulletin*）。

糖苷水解酶是降解多糖的主要酶系，在食品行业、饲料行业、农副产品加工和农副产品废品降解等领域应用广泛，具有重要的应用价值。市场对糖苷水解酶的需求量逐年增加，但提高糖苷水解酶的催化效率，发挥其最大催化潜力仍然是一个挑战。

该研究从碳水化合物活性酶数据库（Carbohydrate - Active enZYmes

Database，CAZy）中收集整理了119个糖苷水解酶家族的蛋白序列，建立了能够识别糖苷水解酶家族和功能残基的深度学习模型DeepGH，通过10倍交叉验证结果显示DeepGH模型的预测准确率为96.73%。该研究利用梯度加权类激活图谱（Gradient-weighted Class Activation Mapping，Grad-CAM）方法提取分类相关特征，结合序列进化信息对突变体进行设计，最后获得了具有7个氨基酸突变位点的壳聚糖酶突变体CHIS1754-MUT7。实验结果表明，CHIS1754-MUT7的催化效率是野生型的23.53倍。该蛋白理性策略计算效率高，实验成本低，具有显著的优势，为酶催化效率的智能设计提供了一种新的途径，具有广泛的应用前景。

（来源：ScienceDirect）

全球重点发展替代蛋白产业的10个国家（地区）

目前，全球已有上百家初创公司从事培养肉技术的研发和应用，该行业在2022年从融资到关键产品首创都取得了令人瞩目的成果。Green Queen Media依据资金投入和政策扶持力度，列出了9个重视该领域发展的国家和地区。

1. 新加坡

新加坡2020年12月批准销售美国初创公司Eat Just培育的人造鸡肉，成为全球首个批准商业化销售“实验室培养肉”制品的国家。此后，向Esco颁发了使用细胞农业技术制造食品的食品加工许可证。培养肉产品由新加坡食品局逐案批准，政府已多次修订相关的监管框架，并投入资金，将其作为实现国家“到2030年将当地生产的粮食比例提高到30%”生产目标的一部分。新加坡已拥有一批本土初创公司，以及来自美国和香港的外国初创公司。

2. 以色列

以色列是培养肉行业的全球领导者之一。以色列创新局最近向全国培养肉类联盟注资1 800万美元以支持该行业发展。除了研究资金，政府还向该行业投入公共资金，为整个替代蛋白行业的早期初创企业和基础设施投入超过1 300万美元。

3. 美国

美国预计将于 2023 年批准培养肉的商业化销售。加州初创公司 Upside Foods 的培养鸡肉于 2022 年 11 月获得了 FDA GRAS 认证，成为第一家被认定培养肉产品可安全食用的美国公司。美国农业部 2021 年向塔夫茨大学拨款 1 000万美元，建立了新的国家细胞农业研究所，并承诺大力支持替代蛋白的研究。

4. 欧盟

2020 年，欧盟“从农场到餐桌”战略将替代蛋白质作为“公平、健康和环保食品系统”的“关键研究领域”，并在“2021 年战略远见报告”中予以强调。欧盟的核心创新和研究资助计划 Horizon Europe 也将培养肉类和海鲜作为其三大核心支柱之一，预留 700 万欧元作为专项资金，还将投入更多资金以提高培养肉的成本效益。

5. 欧盟强国：荷兰和挪威

在欧盟内部，加速推动培养肉产业发展的主要国家包括荷兰和挪威。荷兰已向其细胞农业财团注资6 000万欧元，挪威设立了一项为期五年的细胞农业研究项目，每年投入 200 万欧元作为公共资金。

6. 英国

英国计划出台针对人造食品的新型监管框架。英国研究与创新组织（UKRI）2022 年 5 月向相关项目拨款1 400万英镑，其中包括将传统畜牧业转向培养肉的研究。此前，UKRI 已支持英国初创公司 Multus Biotech 160 万英镑，用于推出低成本无动物源培养基。

7. 澳大利亚和新西兰

澳大利亚和新西兰的监管政策表示，现有的新型食品标准适用于通过细胞农业技术生产的食品，但培养肉产品须获得澳大利亚新西兰食品标准局（FSANZ）的上市批准。

8. 日本

日本从 2022 年 6 月开始评估培养肉产品的安全性，并计划出台新的培养肉监管框架。日本农林水产省早在 2020 年就发起了一个由公司和政府机构等行业利益相关者组成的论坛，旨在制定日本替代蛋白发展战略。日本政府 2020 年向本土初创公司 IntegriCulture 拨款 2.4 亿日元（220 万美元）用于建造其首个商业生物反应器。

9. 中国

2022年5月，中国在《“十四五”生物经济发展规划》中明确提出“发展合成生物学技术，探索研发‘人造蛋白’等新型食品，实现食品工业迭代升级，降低传统养殖业带来的环境资源压力”，将发展“人造蛋白”作为国家合成生物学发展战略的重要领域之一。

（来源：greenqueen. com）

美国培育出“永生”牛肌肉干细胞

近日，美国塔夫茨大学细胞农业中心（TUCCA）开发出永生化的牛肌肉干细胞（iBSC），它们可快速生长并分裂数百次，甚至可能无限期分裂。这一进步不但能提供更多的肉类产品，还意味着研究人员将无需从农场动物身上重复分离获取干细胞。研究成果5月19日发表于《ACS合成生物学》（*ACS Synthetic Biology*）。

大多数细胞随着分裂和老化，位于染色体末端的端粒会像绳索一样被“磨损”，可能导致DNA复制或修复错误甚至基因丢失，最终导致细胞死亡。一般情况下，从活体动物中提取的正常肌肉干细胞只能分裂约50次，然后开始“变老”，最后死亡。研究团队首先对牛干细胞进行了工程改造，使其不断重建端粒，有效地保持染色体“年轻”，并为新一轮的复制和细胞分裂作好准备；使细胞永生化的第二步是让它们不断产生一种刺激细胞分裂关键阶段的蛋白质，有效加速该过程并帮助细胞更快地生长。研究人员发现，新的干细胞分化后所生成的肉与天然肉的味道和质地几乎一样。研究人员表示，虽然人们会质疑摄入永生化细胞是否安全，但实际上永生化干细胞所培养的肉与人们吃的天然肉一样，当细胞被烹调和消化时，就不会再继续生长了。

（来源：塔夫茨大学）

日本广岛大学开发出基因编辑“无过敏原”鸡蛋

日本广岛大学的科学家利用基因组编辑技术开发了一种鸡蛋（名为

“OVM-Knockout”），并声称这种鸡蛋不含卵类粘蛋白（OVM，可导致蛋清过敏），“对蛋清过敏的人来说可能是安全的”。研究结果于 2023 年 5 月发表于《食品与化学品毒理学》（*Food and Chemical Toxicology*）。

在主要的鸡蛋过敏原中，OVM 对热和消化酶非常稳定，因此很难通过物理或化学方法去除和灭活过敏原。要将 OVM 基因敲除鸡蛋用作食品，必须对其安全性进行评估。这项研究检测了用 platinum TALENs 敲除 OVM 的鸡是否存在突变蛋白表达、载体序列插入和脱靶效应。纯合子 OVM 基因敲除母鸡产下的蛋未见明显异常，免疫印迹显示其蛋白中既不含成熟的 OVM，也不含 OVM 截断变体。全基因组测序（WGS）显示，OVM 敲除鸡的潜在脱靶效应定位于基因间和内含子区域。WGS 信息证实，用于基因组编辑的质粒载体只是短暂存在，并没有整合到基因编辑鸡的基因组中。这些结果表明 OVM 基因敲除鸡所产的蛋可以解决食品和疫苗中的过敏问题。

（来源：newfoodmagazine. com）

中国农业科学院团队研发出抗色素干扰农残检测新技术

近日，中国农业科学院茶叶研究所茶叶质量与风险评估创新团队在农药残留快速检测技术方面取得新进展，研发出近红外仿生荧光探针抗干扰检测农药残留新技术。该研究根据天然色素光学背景特点，构建了一种能够靶向响应乙酰胆碱酯酶活性的近红外荧光探针，采用近红外激发策略实现了不同植物色素共存下荧光响应信号的准确测量，并在此基础上建立了灵敏度高、可靠性好的农药残留抗干扰快速检测方法。利用该探针，实现了对甜菜、胡萝卜、蓝莓、生菜等不同色系样品中有机磷和氨基甲酸酯类农药的直接快速检测；对样品中敌敌畏的检出限（5.0 μg/kg）低于液质联用等常规仪器检测方法。研究结果在线发表于《生物传感器和生物电子》（*Biosensors and Bioelectronics*）。

（来源：sciencedirect）

褪黑素为减少新鲜农产品采后损失提供了有前景的解决方案

澳大利亚埃迪斯科文大学的一项研究显示，褪黑素（MT）有可能延长水果和蔬菜保质期，并最大限度减少从收获到消费之间的损失。

褪黑素是一种天然存在于植物中的激素，与多种生理过程有关，包括抗逆性和生长调节。研究人员发现，MT 可以帮助防止低温伤害（CI）——这是一种常见的采后问题，当水果和蔬菜被储存在 0 摄氏度以下的温度时，会遭受重大冷藏损失。CI 的症状表现为新鲜果蔬褐变、出现凹陷斑点、变味、汁液含量减少、成熟不均匀以及软化。MT 的应用可有效减轻冷藏果蔬的低温伤害。这项研究重点讨论了 CI 的症状、机制、MT 介导的耐冷性调节以及园艺产品中 CI 减少的 meta 分析。研究人员指出，对于采后生鲜农产品的保存，褪黑素是一种安全替代有害化学品的方法，对消费者的健康不会产生不良影响。

（来源：foodingredientsfirst. com）

研究发现十字花科蔬菜中的分子有助于缓解肺部病毒感染

英国弗朗西斯·克里克研究所的科学家发现，西兰花或花椰菜等十字花科蔬菜中的分子有助于维持肺部的健康屏障，并缓解病毒感染。研究结果 8 月 16 日发表于《自然》（*Nature*）。

芳香烃受体（AHR）是一种存在于肠道和肺部等屏障部位的蛋白质，对免疫细胞的影响已广为人知。十字花科蔬菜，如羽衣甘蓝、花椰菜或卷心菜中的天然分子是 AHR 的饮食“配体”。这项研究发现，AHR 在肺血管内皮细胞中非常活跃，一旦食用这些蔬菜，就会激活 AHR 靶向许多基因。研究人员在小鼠身上进行了一系列实验，当小鼠感染流感病毒时，AHR 能够防止病毒对肺部屏障的渗漏，AHR 活性增强的小鼠在感染流感时体重不会减轻太多，并且能够更好地抵抗原始病毒之外的细菌感染。研究还发现，流感感染会导致 AHR 活性降低，但食用富含 AHR 配体饮食的小鼠在感染期间具有更好的肺部屏障完整性和更少的肺损伤。研究结果表明，AHR 对于通过内皮细胞层维持肺部的屏障功能非常重要，内皮细胞层在感染过程中会被破坏，病患可以通过正确饮食来改善其健康状况。

（来源：弗朗西斯·克里克研究所）

以色列公司与海湾合作委员会联合建立人造肉工厂

以色列食品科技公司 Steakholder Foods 于 7 月 24 日宣布与海湾合作委员会（GCC）认证的政府机构签署了战略合作协议，将投入数百万美元在海湾地区建立一个试点工厂，生产 3D 打印的“合成鱼肉”产品，最终将在波斯湾地区建立第一个可大规模生产的人造肉工厂。

海湾合作委员会，即海湾阿拉伯国家合作委员会，是一个政府间的国际组织和贸易集团，成员国包括沙特阿拉伯、阿联酋、巴林、卡塔尔、科威特和阿曼。根据协议，该委员会成员国将向 Steakholder Foods 公司支付一笔首付款采购其 3D 打印技术，再根据销售和采购计划实现规模化生产。该合作将利用 Steakholder Foods 提供的即食（RTC）3D 打印机技术和定制生物墨水方面的专业知识，生产各种特定品种的养殖鱼类、肉类产品，以及蔬菜产品。该合作还将进一步确保产品的一致性、营养和安全性，逼真模仿传统肉类、鱼类和蔬菜产品的味道、质地和外观。

（来源：prnewswire）

美高校开发有机化合物纳米酶用于农业除草剂检测

纳米酶是模仿天然酶特性的合成材料，可应用于生物医学和化学工程。人们普遍认为其毒性太大而且价格昂贵，无法直接应用于农业和食品行业。近日，美国伊利诺伊大学厄巴纳-香槟分校的研究人员开发出一种有机、无毒、成本效益高且环保的纳米酶，已成功用于检测草甘膦（一种常见的农业除草剂）。研究成果 2023 年 7 月 28 日发表于《纳米尺度》（*Nanoscale*）。

研究小组率先开发了基于农业友好型有机化合物的纳米酶（OC 纳米酶），它具有类似过氧化物酶的活性。该研究小组还开发了与 OC 纳米酶集成的比色传感器，用于目标分子检测。比色测定是一种光学传感方法，颜色深浅表示目标分子的数量高低。研究人员应用基于 OC 纳米酶的比色传感器检测草甘膦含量。在含有不同浓度草甘膦的溶液中进行比色测定，发现有机纳米酶能够准确检测草甘膦。预计该方法在农业实践中有巨大的应用潜力。

（来源：伊利诺伊大学巴纳-香槟分校）

极麋生物成功研发全球首个鹿茸干细胞系

近日，中国细胞培养肉公司极麋生物（成立于2021年8月）宣布成功研发出了鹿茸干细胞的细胞系，其传代次数已经超过60次，并在24小时内即可倍增。这是目前公开的全球首个鹿茸干细胞系，极麋生物将成为全球首家能实现量产鹿茸干细胞的细胞培养肉公司。此前，极麋已成功研发中国首块100%细胞肉，完全没有使用植物支架，可以大幅提升产品的口感和消费者接受度。

鹿角在中国和其他亚洲国家被视为优质保健品。仅中国鹿角市场就超过30亿元人民币。鹿角的独特之处在于它能够在自然条件下定期进行完全再生，这促使人们对其抗衰老等健康功效进行了广泛研究，特别是与鹿角干细胞（鹿角干细胞仅占整个鹿角结构的不到1%）有关的研究。

（来源：jimi. bio）

康奈尔大学：替代肉类更可持续地养活人类

近日，康奈尔大学研究人员参与撰写的一份联合国报告指出，当前的食物系统无法持续地为全球提供健康饮食，而人造蛋白质（如实验室培育的肉类、由微生物生产的富含蛋白质的食品以及模仿肉类味道和质地的植物性食品）可能会成为替代蛋白质的组成部分，有助于改善食物系统的可持续性。

欧洲和北美的人均肉类消费量是亚洲和非洲的8倍。尽管高收入国家越来越多的人正在减少或消除动物性食品，但由于发展中国家的人口增长和收入增加，预计到2050年全球肉类消费量将增加约50%。

这份联合国报告讨论了与传统动物性产品相比，这些替代品的生产过程和挑战、消费者和市场对产品的接受程度，以及环境、健康、社会经济和动物福利方面的考虑。该报告描述了三种主要的新型肉类替代品：仿制肉类感官元素的植物性食品；人造肉，也被称为实验室培养肉或细胞农业，它是从活体动物身上提取细胞，然后在生物反应器中培养，以产生肌肉、脂肪和其他类型的细胞；以及利用真菌和细菌等微生物制造富含蛋白质的发酵产品。

报告称，政府可以通过“支持开源研究、确保监管审批透明且精简、采取循证政策”的方式支持新型肉类替代品，以及“减少或重新分配目前对工业化畜牧业的补贴，确保食品价格反映实际成本”。

（来源：康奈尔大学）

智慧农业

意大利开发首个4D打印的可生物降解软体机器人

意大利技术研究院（IIT）与特伦托大学的研究人员利用4D打印创建了第一个种子形状的机器人，由可生物降解材料制成，具有根据湿度变化探索土壤的能力，能够在周围环境中移动，且不需要电池或其他外部能源。这种人造种子还可以自我改造，有望在环境监测、重新造林等各个领域得到应用。研究论文3月24日发表于《先进科学》（*Advanced Science*）。

该研究旨在创建一种新型机器人，能够作为传感器监测土壤质量参数，包括汞等污染物，以及二氧化碳水平、温度和湿度等空气指标。团队研究了天竺葵种子的内部结构和生物力学，为软机器人的设计开发了一个模型，并测试了具有所需特性的不同材料，例如能够吸湿和膨胀的材料——纤维素纳米晶体和聚环氧乙烷，以及基于聚己内酯的可生物降解和热塑性聚合物，同时利用4D打印材料的再成型能力，制造了一个种子状软体机器人。种子机器人能够在环境湿度变化的驱动下自主移动进入土壤，并使其形态与土壤粗糙度和裂缝相适应。种子机器人的移动性和适应性的秘密体现在生物吸湿组织的层次结构和解剖特征中，这些组织可选择性地对环境湿度做出反应。该机器人模仿天然种子的运动和性能，达到约30μN m的扭矩值，约2.5 mN的拉伸力，能够举起约100倍于自身重量的重物。研究人员称，这种可生物降解和能源自主的机器人，将用作表层土壤勘探和监测的无线、无电池工具。这种受生物启发的方法使人们能够制造出低成本的仪器，用于收集具有高时空分辨率的现场数据，特别是在没有可用监测数据的偏远地区。从长远来看，软体机器人作为无电池无线环境监测工具显示出巨大应用潜力。

（来源：onlinelibrary. wiley. com）

多光谱无人机和传感器技术助力作物病害监测

传感器等智能农业技术可以对作物侵染进行早期检测、绘图和监测，从而有助于防止大规模疫情爆发。一项最新研究评估了利用超高分辨率卫星

（VHRS）图像和高分辨率无人机（UAV）图像进行高通量表型分析，检测小麦锈病对作物早期生长阶段的影响。这项研究表明，VHRS 和 UAV 在非常高的空间和时间尺度上，可以极大助力非侵入性、广泛性、快速性和灵活性的植物生物特性测量。该研究由国际玉米小麦改良中心（CIMMYT）、埃塞俄比亚农业研究所（EIAR）和新西兰林肯农业科技有限公司合作开展，研究结果10月5日发表于《自然-科学报告》（*Scientific Reports*）。

研究团队评估了多光谱无人机、SkySat 和 Pleiades 图像作为小麦锈病高通量表型分析（HTP）和快速病害检测工具的可能性，以支持小麦改良育种。在一项随机试验中，使用 UAV 和 VHRS 监测了六种具有不同锈病抗性的面包小麦品种，发现共有 18 个光谱特征可作为秆锈病和条锈病发病进展及相关产量损失的预测因子。这项研究为多光谱传感器用于病害检测的升级能力提供了有力见解，证明了在早期生长阶段将病害检测从地块尺度升级到区域尺度的可能性。通过光谱分析和机器学习算法的集成对疾病进行早期检测，为减轻感染传播和实施及时的疾病管理策略提供了有效的工具。

（来源：CIMMYT、*Nature*）

美国开发苹果树花王定位机器视觉系统

近日，美国宾夕法尼亚州立大学的研究人员开发出一种基于深度学习的机器视觉系统，用于精确识别和定位树冠中的花王。研究结果有望为机器人授粉系统提供基线信息，实现高效且可重复的苹果授粉，从而最大限度地提高优质水果产量。

识别花簇中的单个花王是开发机器人苹果授粉系统的关键步骤。监测开花阶段对于准确确定授粉目标和时间至关重要。这项研究提出了基于 Mask R-CNN 的检测模型和花王分割算法，开发了一个机器视觉系统来获取果园环境中两个苹果品种的图像，将算法产生的花卉检测精度与地面实测值进行比较后发现，花王检测准确率在 98.7%～65.6%。此信息可用于计算花王的百分比和树冠中的分布，同时该研究结果有望为机器人授粉提供决策信息。研究结果将于 8 月份发表在《智能农业技术》（*Smart Agricultural Technology*）。

（来源：phys. org）

美国和新加坡联合开发首个可检测和区分赤霉素的纳米传感器

新加坡麻省理工研究与技术联盟（SMART）和淡马锡生命科学实验室联合开发了首个可以检测和区分赤霉素 GA3 和 GA4 的近红外荧光碳纳米传感器。与传统的质谱分析方法不同，这种新型纳米传感器是无损的，对两种 GA 具有高度选择性，并提供对广泛植物物种 GA 水平变化的实时体内监测。该研究代表了早期植物胁迫检测的突破，并具有推进植物生物技术和农业的巨大潜力。研究结果 1 月 18 日发表于《纳米快报》（*Nano Letters*）。

赤霉素是一类植物激素，对植物生长很重要，但由于 GA3 和 GA4 在化学结构上的相似性很难区分。研究人员开发了一种新的耦合拉曼/近红外荧光计，使纳米传感器的近红外荧光与其拉曼 G 波段的自参考成为可能。这一新型传感器能够检测各种模式和非模式植物根部的 GA，包括拟南芥、生菜和罗勒，以及侧根生出期间的 GA 积累。通过检测，纳米传感器报告了转基因拟南芥过表达 GA 的突变体和新生侧根中内源 GA 水平的增加。此外，使用可逆的 GA 纳米传感器，研究人员检测到突变植物中内源性 GA 水平升高，产生更多的 GA20ox1（GA 生物合成中的关键酶），以及盐胁迫下植物中 GA 水平降低。当暴露在盐度胁迫下时，研究人员肉眼可见的生菜生长受阻是在 10 天之后，而采用 GA 纳米传感器在盐胁迫发生仅 6 小时后就可检测到 GA 水平的下降，这证明了 GA 作为盐度胁迫早期指标的有效性。

（来源：pubs. acs. org）

科学家发现植物在口渴或遭受胁迫时会发声

近日，以色列特拉维夫大学的一项研究表明，缺水或受伤的植物会发出尖锐的声音。该研究可能对园艺监测产生影响，帮助科学家通过监听植物声音，了解旱情并采取针对性措施，同时也为科学家增加了一种不同维度的植物抗胁迫研究指标。

研究人员将烟草和番茄放在装有麦克风的小盒子里，麦克风可以捕捉到植物发出的任何声音。这些植物的声音经过处理，使人耳能听到。研究发现，需要浇水或最近茎秆被剪掉的植物每小时发出大约35次声音。但水分充足和未经修剪的植物要安静得多，每小时只发出一次声音。

研究团队制作了一个机器学习模型，可以从植物发出的声音推断出它是否被切断或受到了水的胁迫，准确率约为70%。这一结果表明了在农业和园艺中对植物进行音频监测的可能作用。为了测试这种方法的实用性，研究小组尝试记录温室里的植物。在一个经过训练的计算机程序的帮助下，可以过滤掉风力和空调设备的背景噪声，仍然可以听到植物的声音。初步研究表明，番茄、烟草、小麦、玉米和酿酒葡萄在口渴时均会发出声音。

（来源：ebiotrade. com）

南京农业大学发布群体智能算法可提高植物病害识别

近日，南京农业大学人工智能学院计智伟团队发布了一种用于特征选择的群体智能算法SSAFS，应用于植物表型图像的关键特征提取，可以实现基于图像的高效植物病害检测。该研究结合了两个原理：高通量表型组学，通过它可以大规模分析疾病严重程度等植物性状；以及计算机视觉，提取代表特定条件的图像特征。利用SSAFS和植物图像，研究人员确定了植物病害的“最佳特征子集”。该子集仅包含高优先级特征列表，这些特征可以成功地将植物分类为患病或健康，并进一步估计病害的严重程度。SSAFS的有效性在四个UCI数据集和六个植物表型组数据集中进行了测试。这些数据集还用于将SSAFS的性能与其他五种类似的群体智能算法的性能进行比较。研究结果表明，这种计算工具将有助于提高植物病害识别的准确性，并减少所需的处理时间。研究成果3月6日在线发表于《植物表型组学》（*Plant Phenomics*）。

（来源：phys. org）

新型无线传感器可实时监测食物腐败情况

目前，食品腐败仍然是造成食物浪费的主要原因。以土耳其科奇大学为首的研究机构开发了一种简便易用、经济高效的传感器，可取代实验室检测，直接用于监测食品的腐败情况。这种 2 cm×2 cm 的微型无线设备可提供实时监测，无需电池且与智能手机兼容，通过手机即可进行食物腐败分析。无线传感器被嵌入到包装好的鸡肉和牛肉中，通过传感器连续读取肉类样品在各种储存条件下的读数从而监测样品的腐败情况。监测结果显示，储存在室温下的样品在第三天显示传感器读数发生了近 7 倍的变化，而同时间段储存在冰箱中的样品显示传感器读数仅发生了微不足道的变化。这种低成本、微型无线传感器可以集成到包装食品中，帮助消费者和供应商按需检测富含蛋白质的食品的腐败情况，并最终防止食物浪费和食源性疾病。研究结果 5 月 18 日发表于《自然-食物》（*Nature Food*）。

（来源：*Nature*）

日本研发 AI 眼简单快速估算水稻产量

由来自日本冈山大学、岐阜大学、东北大学等机构的研究人员组成的国际联合研究小组，通过使用人工智能（AI）进行图像分析，开发出了高精度估算水稻产量的技术。

该研究首先建立了水稻研究人员的国际联盟，收集了各种品种、地区、栽培环境下的水稻图像，以及该图像所显示范围内的水稻产量数据。迄今为止，构建了由 400 多个品种、日本和非洲等 7 个国家、20 个地区、20 000 多个水稻图像构成的庞大的水稻产量-图像数据库。通过让 AI 学习这个大规模数据库，成功开发出了仅通过拍摄野外生长的水稻收获期图像，即能高精度地估算单位面积产量的技术。该技术不仅适用于广泛的品种和环境条件，而且可以大大降低以往水稻产量调查所需投入的时间和精力，将有助于同步加速高产品种培育和农田长势诊断。此外，还有望应用于调查困难的发展中地区，了解水稻的实际生产情况，进而选择最佳耕作方法，并制定相应政策。研究成果 6 月 29 日在线发表于《植物表型组学》（*Plant Phenomics*）。

（来源：冈山大学）

美国利用NASA遥感技术监测酿酒葡萄病害

美国宇航局（NASA）和康奈尔大学的研究人员发现，利用NASA南加州喷气推进实验室开发的机载科学仪器，可以准确地发现葡萄病害的隐秘迹象，这种病害每年造成的农作物损失达数十亿美元。这项遥感技术可以支持对作物病害的地面监测，辅助全球范围内的农业决策。

研究人员重点研究了一种名为GLRaV-3的病毒。该病毒主要通过昆虫传播，可降低果实产量并使其变质，检测方式通常为劳动密集型的逐株逐藤观察和昂贵的分子测试。研究成果通过使用机器学习和NASA的下一代机载可见光/红外成像光谱仪（AVIRIS-NG）可以帮助种植者及早从空气中识别出GLRaV-3感染。该仪器的光学传感器可以记录光照与化学键（chemical bonds）的相互作用，已被用于测量和监测野火、石油泄漏、温室气体和火山爆发造成的空气污染等危害。AVIRIS-NG被安装在一架研究飞机的腹部，对加利福尼亚州约11 000英亩的葡萄园进行监测，监测结果被输入研究小组开发和训练的计算机模型中。研究人员发现，他们能够在症状出现之前和之后区分未受感染和受感染的藤蔓，表现最好的模型准确率可达87%。

（来源：NASA）

美国开发新工具以优选种植品种和灌溉策略

美国北卡罗来纳州立大学的研究人员开发了一种计算机模型，可预测美国东南部四种主要作物（棉花、玉米、高粱和大豆）的产量，主要用于帮助农户和政府水资源管理者在面对气候变化时就作物选择和灌溉策略做出明智的决策。研究结果6月12日发表于《水资源研究》（*Water Resources Research*）。

研究人员将这一新工具称为区域水利经济优化模型（RHEO）。该模型利用大量数据，包括长期和季节性降雨预测、来自美国地质调查局的地下水位数据、每个县的土壤特征、每种作物的耗水量、县级灌溉成本、美国农业部农作物价格数据，以及其他农业研究人员提供的作物生产预算数据。输入全部数据后，RHEO 可以对县级每种作物的单位面积产量、灌溉成本进行预测。经过综合考量，对最具成本效益和环境可持续性的作物种类和灌溉策略进行预测。研究人员通过利用该模型分析佐治亚州西南部 21 个县 31 年的历史数据，论证了该模型的有效性。研究发现，RHEO 能够预测四种目标作物的可变性，并确定可以降低相关成本的灌溉策略。

（来源：北卡罗来纳州立大学）

日本开发出可生物降解的土壤湿度传感器

有限的土地和水资源促进了精准农业的发展，科学家们聚焦利用遥感技术实时监测空气和土壤环境数据，帮助优化作物产量。最大限度地提高这种技术的可持续性对于环境管理和降低成本至关重要。

来自大坂大学的科研团队开发出一种无线供电的土壤湿度传感技术，该传感器在很大程度上可以生物降解，适于高密度安装。这项工作是一个重要的里程碑，有助消除在精细农业方面仍然存在的瓶颈，例如安全弃置已使用过的传感器设备。该技术同时实现了电子功能性和生物降解性。相关研究成果发表于《先进可持续系统》（*Advanced Sustainable Systems*）。

这项技术的基础是传感器的无线动力传输效率与传感器加热器的温度和周围土壤的水分含量相对应。随后，热成像摄像机捕捉该地区的图像，同时收集土壤含水量数据和传感器位置数据。在作物季节结束时，这些传感器可以被植入土壤中进行生物降解。

（来源：eurekalert. org）

新西兰推出用于果园生产的多用途自动驾驶汽车

新西兰农业科技公司 Robotics Plus 推出了一款自动、多用途、混合动力车辆（名为 Prospr），旨在更高效、更可持续地在各种果园和葡萄园作业，减少对人工的依赖。该产品现已上市。

Prospr 可容纳多种正在开发的可更换工具，包括新发布的用于葡萄、苹果或木本作物的塔式喷雾器。根据当天的工作，车辆上会配备适合某项工作的工具，多个 Prosprs 可以在车队中协作完成工作。自动驾驶汽车使用感知系统的组合来感知环境，从而实现数据驱动。

混合动力系统：Prospr 拥有全电动驱动系统。其车载发电采用 Tier 4 柴油发电机，使车辆能够长时间运行而无需充电或加油。再生制动和高容量电池可延长续航里程，同时其带有车轮独立电机的智能全轮驱动系统可提供优越的操控性、抓地力和控制力。与完成相同工作的传统柴油拖拉机相比，油耗降低 70%以上。

模块化且适应性强：Prospr 占地面积小，具有独特的转向配置，包括电动转向和独立电机。车辆可以后桥转向，行间转向的最小地头要求为 7. 1 m/23ft。最小行距为 1. 85 m/6. 07ft，为种植者提供了在各种作物类型的更多应用中部署自动化的选择。与每隔两行或更多行转向的机器相比，地面覆盖速度更快，从而提高了生产效率。该车辆的轻量化设计与其特有的轮胎和车轮配置相结合，减少了地面压实度。

Q 系列喷雾机：Q 系列喷雾器允许种植者部署一系列喷雾配置，适应各种作物类型、种植方式、植株高度和日常工作。喷雾速率和空气速度是动态的，由每个风扇控制，通过电力驱动和控制系统提高喷雾效率。这些喷雾器可产生细雾和湍流空气，通过液滴形成和喷雾沉积实现更好的覆盖范围。

安全与管理：操作员可以使用一个易于操作的界面来管理和简化一天的工作。通过跨各种桌面和移动设备的多语言支持，团队成员之间可以进行协调。作业可以提前记录并实时查看。已完成或正在进行的作业以数字方式进行记录。一个或两个操作员可以通过固定或移动控制台用单个遥控器同时管理多台机器。

（来源：Agropages）

政策监管

美国批准基因编辑牛可用于食用

美国食品药品监督管理局（FDA）于2022年3月7日宣布批准一种基因编辑牛的牛肉在安全审查后可用作食品。这种转基因牛（由Recombinetics公司培养）是继转基因鲑鱼和转基因猪之后，美国批准可用于人类食用的第三种转基因动物。FDA审查的这种牛通过CRISPR技术改变了基因，拥有短而光滑的皮毛，使其更容易抵御炎热的天气，更容易增重，从而提高肉类生产效率。这种牛肉目前尚未上市，FDA表示最快可能在两年内上市。与转基因鲑鱼和猪不同，这种基因编辑牛不需要再经过长达数年的审批程序。因为它们的基因构成与现有的其他牛相似，而且可以在某些自然品种中发现这种基因特性。

（来源：Food Ingredients First）

泰国实施新的转基因食品法规

2022年6月，泰国食品和药物管理局（TFDA）发布了关于转基因食品强制性安全评估的第431号公告和关于转基因食品标签的第432号公告，将转基因食品分为3组：一是经过编辑、修剪、修改或改变遗传物质以及从现代生物技术中整合新遗传物质并作为食品食用的植物、动物和微生物（Ⅰ）；二是使用Ⅰ作为食品配料或由Ⅰ制造的食品；三是由Ⅰ生产，用作食品成分、食品添加剂或营养素。两部法规已于2022年12月4日生效。

第431号公告指出，在转基因食品进口和销售前，转基因开发者须向TFDA提交食品安全评估，对任何未列入第431号公告正面清单以及临时批准清单内的转基因行为，都需得到批准。此外，开发者需要向国家基因工程和生物技术中心（BIOTEC）提交文件或证据进行食品安全评估，同时向泰国医学科学部提交参考资料和分析细节，并最终向TFDA提交来自BIOTEC的食品安全报告和医学科学部开具的回执。由转基因植物和微生物生产的高度精炼产品，包括一些源自转基因的食品添加剂和营养物，可免于国内安全评估。

食用油、糖/糖浆、玉米淀粉和高纯度的营养成分，如果是从第431号正面清单和临时批准清单中未列出的转基因生物中提取的，并且因加工而无法检测到转基因生物和重组蛋白，则不需要提交进口文件，但必须满足与日常食品相同的食品安全要求。

第432号公告指出，任何含量占食品总重量5%以上（含）转基因成分的包装食品，以及可检测到的转基因生物和由生物技术生产的重组蛋白必须标明该产品含有转基因。此外，如果有意添加转基因植物或动物成份，即使是含量少于5%的包装食品也必须贴上转基因标签。

（来源：美国农业部）

英国颁布《基因技术法案》，允许使用基因编辑技术

3月23日，英国政府颁布《基因技术法案》。该法案确定了通过关键技术改善英国的粮食安全、减少农药使用并增强作物的气候适应能力。该法案允许使用基因编辑等技术进行精准育种，这将使英国科学家能够创造出“更灵活、适应性强和数量更多”的食物。在基因编辑作物推广方面，允许农民种植抗旱、抗病作物。根据该法案的规定，英国将引入一个新的“以科学为基础的简化监管系统”，促进精准育种方面的更多研究和创新，同时对转基因生物仍将实施严格的监管。

（来源：英国环境、食品和农村事务部）

美国农业部宣布新型半矮化基因编辑苔麸不受生物技术监管

近日，美国农业部（USDA）动植物卫生检疫局进行了一项品种上市前的监管审查，认定通过基因组编辑技术改造的半矮化苔麸品种（学名埃塞俄比亚画眉草，一种原产于埃塞俄比亚的不含麸质的谷物）不受USDA安评规则（SECURE）下的生物技术监管。

这种新型半矮化苔麸品种由唐纳德·丹佛斯植物科学中心国际作物改良研究所（ⅡCI）的研究人员开发。该研究所正在与埃塞俄比亚农业研究所合

作，利用新型植物育种技术提高苔麸产量。倒伏会导致植物弯曲或断裂，从而显著降低谷物产量，同时也使植株更容易受到病虫害的侵袭，导致谷物质量下降，如蛋白质含量降低、污染物水平增加等。据统计，作物倒伏会导致高达25%的产量损失，而新型半矮化苔麸品种将提高作物抗倒伏能力。

IICI负责人表示，USDA这一监管审核决定为未来的苔麸植物育种创新开创了先例，能有效解决如杂草控制和气候变化等的生产力约束问题。新型半矮化苔麸品系将在丹福斯特中心的田间试验中进行性能评估。

（来源：Agropages）

日本为非本国的基因组编辑糯玉米产品开绿灯

3月20日，日本厚生劳动省（MHLW）和农林水产省（MAFF）宣布将一种糯玉米产品列入基因组编辑产品清单。该清单中的产品不受日本转基因食品、饲料和生物多样性法规的约束。这是列入该名单的第四种基因组编辑产品，也是第一款由非日本公司开发的产品。陶氏杜邦Corteva Agriscience公司使用CRISPR/Cas9技术开发了该基因组编辑糯玉米，对糯质基因进行靶向缺失，将淀粉中支链淀粉的比例提高到近100%。在传统玉米中，淀粉通常由75%的支链淀粉和25%的直链淀粉构成。除了食品工业，支链淀粉也可用于纺织和造纸工业。截至2023年3月，MHLW和MAFF已将四种类型的产品列入其基因组编辑产品列表，即高γ-氨基丁酸（GABA）番茄、高产海鲷、快速生长的虎河豚和糯玉米。

（来源：Agropages）

加拿大规定基因编辑作物不按转基因管理

5月3日，加拿大农业和农产品部公布了最新版种子法规指南。由加拿大食品检验局（CFIA）负责更新的指南第五部分指出，基因编辑的种子和植物材料将不再被归类为转基因（GM），而被视为传统作物。加拿大政府表示，与传统育种相比，植物育种创新使植物新品种的开发更加有效和高效，这将使农民获得更好地抵抗极端温度、降水和昆虫的品种，以帮助适应气候变化，养活不断增加的人口并降低消费者的食品成本。

此外，加拿大还将采取措施加强植物育种创新产品的透明度，并提供资金对《加拿大有机标准》（*Canadian Organic Standards*）进行审查，以保护有机行业的信誉。指南规定从事有机种植的农民可以使用常规种子，但被禁止使用基因编辑的种子。

（来源：加拿大农业和农产品部）

美国环保署加强对基因编辑作物监管

5月25日，美国环保署（EPA）宣布，与美国农业部（USDA）一样，将按照常规育种方式对基因编辑作物进行豁免，但为确保人类和野生动物安全，研究人员仍需提交数据来证明经过基因编辑的作物不会损害植物生态系统的其他组成部分或使人生病。

在美国，共有3家联邦机构监管转基因作物。USDA评估转基因作物是否会成为有害杂草而损害农业，EPA检查“植物保护剂”是否会伤害农场工人或野生动物，食品药品监督管理局（FDA）负责食品安全。20多年来，这三家机构一直在审查含有其他物种DNA的转基因作物。但由于基因编辑作物不含外来DNA，USDA于2022年更改了监管规则，规定如果研究人员赋予作物一种已在性亲和植物中自然存在的性状，则无需申请监管机构批准。

（来源：science. org）

加纳准备推出首个本地开发用于商业种植的转基因豇豆

加纳准备在2023年年底前推出其首个本地开发的转基因豇豆品种（Bt Songotra），用于商业种植。加纳科学与工业研究委员会（CSIR）-萨凡纳农业研究所（SARI）已成功生产出第一代种子，并通过种子公司将其分发给农民。由于豇豆是加纳地区的主食原料，Bt Songotra豇豆的引入预计将对加纳的作物生产、粮食安全和价格产生较大影响。

CSIR-SARI 还宣布了其他转基因豇豆品种的推行计划，新品种（包括 Bt Apagbaala、Bt Padituya、Bt Wang-Kae 和 Bt Kirkhouse Benga）将于 2023 年后推出。该举措是开发第二代抗荚螟（PBR）豇豆（表达 Cry 1 Ab 和 Cry 2 Ab）工作的一部分，以增强粮食安全并改善撒哈拉以南非洲小农的生计。加纳的豇豆年需求量约为 16.9 万 t，而当地每年的产量仅为 5.7 万 t。产量低主要归因于虫害，这也突出了生物技术解决方案的重要性。

加纳 CSIR 总干事指出，PBR 豇豆获得环境释放批准是一个重要的里程碑，向利益相关者、政策制定者和公众传达转基因技术的益处和影响起到了至关重要的作用。国家生物安全局的负责人强调了该机构在基因组编辑监管过程指南方面的工作，旨在确保转基因生物的安全开发、转移、处理和使用。这些指南将于 9 月发布，将在促进加纳负责任的生物技术实践方面发挥至关重要的作用。

（来源：Agropages）

美国转基因作物最新种植趋势

美国农业部经济研究局 2023 年 10 月 4 日发布了"美国转基因作物品种种植情况报告"，摘要如下：

自 1996 年美国将转基因品种引入主要大田作物，随着转基因作物的大面积商业化推广，转基因品种的采用率迅速增长。目前，超过 90%的美国玉米、陆地棉和大豆都产自转基因品种。转基因作物被广泛归类为耐除草剂（HT）、抗虫（Bt）或兼具耐除草剂和 Bt 特性的堆叠品种。尽管已经开发出其他转基因性状（如抗病毒和真菌、抗旱以及高蛋白质、高油脂或高维生素含量），但 HT 和 Bt 性状在美国转基因作物品种中最为常见。种植 HT 品种的主要转基因作物为三种大田作物：玉米、棉花和大豆。同时，HT 品种也广泛用于苜蓿、油菜籽和甜菜种植。

HT 作物能耐受强效除草剂（如草甘膦、草膦和麦草畏），为农民提供了多种有效控制杂草的选择。调查数据显示，种植 HT 品种的美国国内大豆种植面积比例从 1997 年的 17%上升到 2001 年的 68%，2014 年稳定在 94%。2021 年，HT 大豆种植面积增加到 95%，并在 2023 年保持不变。HT 棉花种植面积从1997年的约10%扩大到2001年的56%，然后在2019年达到95%的高点。2023年HT棉花种植面积为94%。转基因玉米品种商业化后，HT玉米的采用率增长相对缓慢，但在世纪之交后，采用率上升。2023年，美国91%的玉米种植采用HT品种。

自1996年以来，玉米和棉花就可以种植抗虫转基因品种，这些作物含有土壤细菌Bt（苏云金芽孢杆菌）基因，并产生杀虫蛋白。美国Bt玉米种植面积从1997年的约8%增长到2000年的19%，在2023年攀升至85%。Bt棉花种植面积也有所扩大，从1997年占美国棉花种植面积的15%增加到2001年的37%。2023年，美国89%的棉花采用了转基因抗虫棉品种。

Bt玉米采用率的提高可能是由于商业引入了抗玉米根虫和玉米穗虫的新品种（在2003年之前，Bt玉米品种只针对欧洲玉米螟）。Bt玉米的采用率可能会随着时间的推移而波动，具体取决于欧洲玉米螟和玉米根虫侵扰的严重程度。同样，Bt棉花的采用率可能取决于烟草芽虫、棉铃虫和粉红棉铃虫侵扰的严重程度。

此外，近年来，堆叠品种的采用速度加快。2023年，约86%的棉花和82%的玉米种植了堆叠品种。

（来源：美国农业部）

墨西哥禁止食用转基因玉米

墨西哥在转基因玉米问题上与美国和加拿大划清界限，禁止将其用于人类消费和进口，并逐步淘汰其用于牲畜饲料或工业用途。经过数月的谈判，美国8月宣布将根据《美国-墨西哥-加拿大协议》（USMCA）采取杠杆措施，寻求中间人来解决争端。

贸易争端的核心：在墨西哥土地上种植转基因玉米是违法的。2020年，墨西哥扩大了禁令范围，颁布法令从2024年1月31日起禁止所有转基因玉米，包括种植和进口，理由是这样做可以保护其粮食安全、农村社区发展、本土粮食作物品种和人民健康。该法令还宣布将对有争议的除草剂草甘膦（广泛用于转基因农业）的进口、分销和使用实施严格限制，最终在该日期之前完全禁止。草甘膦是一种众所周知的除草剂，其致癌的可能性引起了激烈争论。美国认为这违背了该地区自由贸易规则。在与墨西哥官员多次举行会议和磋商后，美国于8月宣布，将寻求在USMCA下设立争端解决小组，认为墨西哥的法令“破坏了墨西哥同意提供的市场准入”。加拿大在诉讼中表达了对美国的支持。

贸易争端的影响：2022年，墨西哥从美国购买了价值近50亿美元的玉米，其中绝大多数是用于牲畜饲料的黄色转基因玉米，使其成为美国农作物出口的第二大目的地。美国全国玉米种植者协会等工会表示，该禁令对美国生产商影响极大，并威胁到USMCA的完整性。

争论焦点：美方认为墨西哥此举没有科学依据，违反了自由贸易协定。墨方认为生物多样性问题是关键，此外，食品安全很大程度上取决于草甘膦的使用，而草甘膦是一种在转基因农业中广泛使用的除草剂，世界卫生组织机构称其“可能对人类致癌”，拥有草甘膦并维护其安全性的德国化学巨头拜耳已支付数十亿美元来解决癌症诉讼。但美国环境保护署对此说法提出异议，欧洲食品安全局也于近期批准了该农药的使用，令环保人士感到震惊。

（来源：thestkittsnevisobserver. com）

菲律宾批准商业化种植Bt转基因棉花

菲律宾植物工业局（BPI）2023年8月24日颁发了Bt棉花（一种抗棉铃虫的转基因作物）商业种植生物安全许可证（GFM），批准商业化种植Bt转基因抗虫棉。该转基因棉花品种由菲律宾纤维工业发展局（PhilFIDA）开发，在完成生物安全评估和基于Dost－DA－DENR－DOH－DILG联合部通知（JDC）第1号（2021年系列）的商业传播要求后，获得该许可证。

Bt棉花含有Bt融合基因GFMCry1A，该基因基于苏云金芽孢杆菌Cry1Ab和Cry1Ac蛋白的蛋白质模板产生。Bt融合基因赋予了对棉铃虫侵扰的抗性。田间试验表明，该品种可以提高可收割棉铃产量，并减少杀虫剂等农药的使用。棉花产量的提升预计将增加棉农收入，并提供更多的就业机会。

（来源：Agropages）

挪威批准来自转基因菜籽的菜籽油用于生产鱼饲料

6月28日，经过全面评估，挪威食品安全局批准来自转基因菜籽的Aquaterra®菜籽油用于生产鱼饲料。风险评估结果显示，与使用其他来源的油生产的传统鱼饲料相比，含有这种油的鱼饲料不会增加鱼类的健康风险，也不会增加环境风险。Aquaterra®菜籽油中的任何蛋白质残留物，包括对草铵膦具有耐受性的蛋白质残留物，都可以忽略不计。但是，相关的油和饲料产品都必须贴有转基因标签。这是挪威食品安全局收到的第一份转基因产品批准申请，这种油经过基因改造可产生长链omega-3脂肪酸，这些脂肪酸通常提取自海洋生物。该油菜籽将有望成为海洋脂肪酸（主要是DHA）的陆地替代品。

（来源：挪威食品安全局）

美国食药监局批准基因编辑猪肉用于公众消费

2023年5月1日，华盛顿州立大学获得美国食品药品监督管理局（FDA）授权使用基因编辑猪肉制成德式香肠供公众消费，该授权为研究性食品使用授权（学术机构可获得此类授权），目前仅限于特定的基因编辑猪。这些猪最初经过基因编辑，研究人员能够利用它们繁殖出公猪后代。这项技术被称为“代孕父系”，它首先通过敲除一种*NANOS2*基因，对雄性动物进行基因编辑，使其不育。然后，这些动物可以被植入另一只雄性的干细胞，产生具有该雄性所持特征的精子，并将其传递给下一代。代孕父系技术本质上是一种高科技的选择育种方式，可以将高价值的遗传特征在牲畜中传播，具有改善肉类质量，提高牲畜健康水平和适应能力的优势。

（来源：华盛顿州立大学）

匈牙利坚持非转基因农业

7月5日，欧盟委员会在公布的监管转基因作物提案中将新转基因作物分为两类，并对其使用和销售采取不同监管措施。第一类植物将完全不受现行转基因法规的约束，在将这些植物释放到环境之前，不会进行任何风险评估，可以在没有标签或监控的情况下上市。对于第二类植物的批准将采取一些简化措施，如减少需提交的数据和影响评估材料。该提案不允许成员国自主决定是否在其领土范围内种植用新基因工程技术（NGT）培育的植物。

对此，匈牙利农业部表示，将继续坚持匈牙利农业不含转基因生物的战略，并将与欧盟委员会展开谈判。尽管匈牙利支持研究机构或大学对基因编辑等新基因工程技术的研究，但强调种植该类作物仍会带来环境和健康风险，因此在投放市场之前必须进行评估。匈牙利政府主张加强和维护粮食和营养安全，保护传统农业和有机农业利益，同时确保 NGT 产品的正确标识和可追溯性，并允许将其排除在有机农业之外。

（来源：hungarytoday. hu）

乌克兰议会通过了加强转基因产品管制的法案

8 月 23 日，乌克兰最高拉达（议会）通过了“关于国家监管基因工程活动、转基因生物以及转基因产品流通”的第 5839 号法律草案，该法案的实施将使乌克兰的立法能够系统地与欧盟在转基因生物领域的立法保持一致。此次修改在原法案基础上引入了欧洲国家注册转基因生物的标准，禁止转基因玉米、甜菜和油菜籽等的种植和流通。该法案的实施将提高转基因生物领域国家监管程序的效率和透明度，为转基因相关业务制定了清晰明确的规则。该法案自公布之日起正式生效。

（来源：minagro. gov. ua）

高油酸大豆获批中国首个基因编辑安全证书

2023 年 4 月 28 日，农业农村部发布《2023 年农业用基因编辑生物安全证书（生产应用）批准清单》，山东舜丰生物科技有限公司的基因编辑高油酸大豆，获批全国首个植物基因编辑安全证书，有效期为 5 年。这是我国首次批准该技术用于农作物。

学术界将油酸含量在75%以上的食用油认定为“高油酸油”（国标为70%），舜丰生物采用基因编辑技术调控大豆的脂肪酸合成通路，阻断了油酸向亚油酸的转化，创制出高油酸大豆。用它榨出的大豆油油酸含量能够达到80%以上，最高可达85%，是普通大豆油油酸含量的4倍（传统大豆油的油酸含量在20%~25%，橄榄油油酸含量约80%，普通花生油油酸含量40%~67%），为这个大豆产品贴上了“营养健康”“高性价比”“高附加值”等标签。

目前，美国、加拿大、乌克兰和印度都有种植高油酸大豆，美国产量居首，但绝对数量并不高。据国际机构数据，2021年美国生产了约15万t高油酸大豆油，预计2023年美国高油酸大豆油的产量将达到36.4万t。在我国，高油酸食用油越来越受到消费者的认可和青睐，高油酸花生油、高油酸菜籽油、高油酸葵花籽油都已走上百姓的餐桌，但高油酸大豆油品类仍是空白。

首个基因编辑安全证书的下发，标志着我国基因编辑技术从实验室阶段迈向产业化的关键一步。高油酸大豆在取得安全证书后，还需要经过“品种审定”等监管流程，才能进行商业化落地种植及加工生产。

（来源：网易）

意大利成为首个禁止生产销售人造肉的国家

11月23日，意大利农业部及卫生部联合签署法令，宣布禁止在该国生产和销售用细胞培育制成的人造肉，同时对植物性蛋白标签施加限制，禁止其使用肉类标签。意大利因此成为全球首个禁止生产和销售人造肉的国家。根据这项法令，任何在意大利境内生产、销售、培育人造肉的厂家或者个人将被处以最低1万欧元最高6万欧元的罚金，对于大规模生产人造肉的厂家将受到1~3年的关闭处罚，并处高达15万欧元的罚金，同时罚没所生产的人造肉。意大利立法者表示这一做法是为了保护本国的畜牧产业，同时保障民众的健康安全。

该法令将培养肉类和昆虫蛋白等非传统食品视为对意大利本国畜牧业、饮食文化和食品安全的威胁。该法令还禁止植物基公司在纯素肉类替代品上使用“牛排”“萨拉米香肠”等词语。意大利将该法案视为维持传统粮食系统、保护农业生计以及为全球消费者维护意大利食品质量和安全的措施。意大利农业团体强烈支持该法案。

（来源：echemi.com）

规划与项目

英国发布植物生物安全战略（2023—2028年）

1月9日，英国发布了植物生物安全战略（2023—2028年）。该战略把英国定位为植物生物安全的全球领导者，提出了英国未来五年在植物健康领域的战略愿景和具体目标，阐述了建立新的生物安全制度和生物安全植物供应链的愿景，并致力于确保粮食安全和减轻全球气候变化影响。该战略范围仅限于植物（含树木）和植物产品（如蔬菜、水果等）的生物安全。

该战略的新愿景是通过政府、行业和公众的强大伙伴关系保护英国的植物，减少和管理植物害虫和病原体带来的风险，并促进贸易安全。在此基础上，制定了四大战略目标。一是建立世界级的生物安全制度。调整和加强应对措施，预防和管理对英国植物健康构成威胁的害虫和病原体的引入及传播。未来5年，将通过4个重点领域建立世界一流的生物安全制度：加强风险和水平扫描（horizon scanning）；加强监管制度；做好病虫害疫情准备和开展国际合作。二是重视并构建健康植物社会。提高对健康植物和树木重要性的认识，鼓励履行社会责任。未来5年，将通过4个重点领域建立一个重视植物的社会：提高公众认识并鼓励行为改变；教育；培训和公民科学项目。三是建立生物安全植物供应链。加强政府和行业合作，支持生物安全植物供应链。未来5年，将通过3个重点领域支持生物安全供应链：情报和监控；确保供应链和国内生产。四是加强技术能力建设。提高植物健康能力，充分利用现有和创新的科学技术，以应对不断变化的威胁，确保为未来做好准备。未来5年，政府将继续与研究人员、从业人员和决策者合作，资助研究和其他学术活动，维持核心能力，加强协作创新，不断提高技术能力。

（来源：英国环境、食品和农村事务部）

韩国发布第三次种业培育五年计划（2023—2027年）

近日，韩国农业、食品和农村事务部（MAFRA）制订并发布了《第三次种业培育五年计划》（2023—2027年）（以下简称“《计划》”）。该《计划》

“以种业技术革新培育高附加值种子出口产业”为愿景，计划将种子产业规模扩大至1.2万亿韩元（约9.4亿美元），种子出口额扩大至1.2亿美元。《计划》提出了5大战略，分别如下。

数字育种等新育种技术商业化：按作物类别开发数字育种技术并实现商业化，开发新育种技术及育种材料。

集中开发具有竞争力的核心种子：加强国际市场十大作物种子（小麦、土豆、玉米、大豆、水稻、草莓、番茄、红辣椒、叶菜、西瓜）开发，为国内需求量身定制良种。

加强三大核心基础建设：培养育种-数字化融合专业人才，提高公共育种数据民间利用度，建设“种业产业创新园区（K-Seed Vally）”，扩大国内采种。

出台与企业成长发展相适应的政策：研究开发（R&D）从政府主导转变为企业主导，提供符合企业需求的设备及服务，完善相关制度，改进官企合作方式。

改善粮食种子供应，培育育苗产业：保障粮食安全用种，完善补给体系，活跃粮食种子和无病苗民间市场，实现育苗产业化。

（来源：韩国农业、食品和农村事务部）

美国发布国家301计划2022年报告

美国农业部农业研究局（ARS）发布了国家301计划（NP 301）“植物遗传资源、基因组学和遗传改良”2022财年报告，报道了2022年度该计划取得的最新成果。该报告共分为4个部分。

1. 作物遗传改良

在新品种培育方面，开发了一种耐高温的草莓专利品种，抗斑潜蝇、软茎根和霜霉病的莴苣品种，用于商业生产的高产抗病甘蔗品种；引入了一种新的杂交铁杉；改良了适于加工的黑莓和覆盆子新品种，发布了马铃薯新品种“贝卡玫瑰”和三种气候适应性、耐非生物胁迫干豆新品种。在种质资源创新方面，发现了三个新的专利山核桃接穗品种，提高产量的高粱新遗传砧木，对枯萎病抗性较强的皮马棉花种质品种；来自中间麦草的新型高产小麦条纹花叶病毒抗性小麦种质。在遗传机理方面，发现了大豆的高温遗传响应，亚麻荠开花时间相关候选基因；破译了控制大豆蛋白质含量位点的基因；克服了产量与棉纤维品质的负相关关系；鉴定出了高粱中抗甘蔗蚜虫新的数量性状基因座（QTL）；从野生近缘作物中获得霜霉病抗性；胡萝卜中橙色积累的新见解；发现一类新的菌核真菌效应基因；鉴定了新的矮高粱基因；组装了两个新的雄性啤酒花基因组；开展了小麦病害易感性调控基因的遗传分析；对野生马铃薯的筛选确定了抗晚疫病的新来源。在遗传开发工具方面，开发了甘蔗抗橙锈病的分子标记；验证小麦赤霉病抗性基因功能的新基因编辑系统。

2. 植物、微生物遗传资源和信息管理

主要进展包括：冷冻疗法根除苹果遗传资源中的病原体；阐明引起玉米焦油斑病的真菌的起源和多样性；测定了新的甜菜基因组序列和一种珍贵热带果树的新基因组序列；揭示西瓜野生近缘的遗传内容；发现新的啤酒花品种；开发了利用野生植物遗传多样性改良作物的新方法；成功保存了以前在基因库冷藏中无法存活的种子；GRIN-U 作为一个植物遗传资源（PGR）教育和培训的开放获取网站启动。

3. 作物生物学和分子过程

主要进展包括：玉米对真菌病害的天然化学防御；与番茄果实抗性相关的真菌抗代谢物及其代谢基因的鉴定；甜菜子孢叶斑病的杀菌剂抗性新方法；抗成熟种子损伤的改良大豆种质；马铃薯中大量促进健康的苯丙素类化合物不一定会导致块茎变色增加；发现一个赋予烟草脆裂病毒（TRV）免疫力的基因组区域；开发了储藏甜菜根呼吸作用的新工具和利用过氧化氢促进甜菜种子萌发的新方法。

4. 作物遗传学、基因组学和遗传改良的信息资源和工具

主要进展包括：八倍体草莓的黄金标准染色体规模参考基因组的建立；春小麦生产性能的环境预测；甜菜根瘤菌病原诊断新方法；大豆基因分型数据插补的最佳软件工具；基于网络工具和用户选择的网络浏览器区域计算基因组比对；世界上最大的室外植物表型鉴定设备。

（来源：美国农业部）

加拿大投资基因组学，推动健康、环境和农业前沿研发

4 月 18 日，加拿大创新、科学和工业部宣布将通过加拿大基因组局为 13 个研发项目提供1 810万美元资助，通过推动基因组学研究，以应对健康、环境和农业方面的重大挑战。这些项目将通过与行业、医疗机构以及省级和其他联邦合作伙伴的多样化研究伙伴关系进行部署，并将尖端基因组学科学投入实际应用。各地省级政府、企业和其他研究合作伙伴将额外提供3 860万美元，使加拿大基因组学研发的总投资高达5 670万美元。这些项目的主攻方向为：卫生领域，提供挽救生命的精准医疗、新的治疗和诊断选择，以及病原体监测方面的公共卫生创新。环境可持续性，通过推动采矿业的环境保护和开发新工具以确保生态系统的健康。弹性农业，通过为病虫害管理提供基于自然的解决方案，以实现弹性农业。

（来源：genomecanada. ca）

荷兰投资多机构开发“智能育种”方法

荷兰科学研究组织（NWO）计划向 CropXR 超强抗灾作物研究项目投资1 500万欧元，旨在把植物生物学、计算模型和人工智能整合到“智能育种”方法中，开发更能适应气候变化、更少依赖化学植保产品的作物品种。

通过长期计划，NWO 为公私联盟的战略研究提供长期资助，有力地推动了科学领域的发展。在 CropXR 项目中，包括瓦赫宁根大学在内的四所荷兰大学和数十家领先的植物育种、生物技术和加工公司将在基础科学研究、数据收集、数据共享、人工智能、教育以及促进成果的广泛应用方面进行合作。

1. 整合植物生物学、计算建模和人工智能

在 NWO 资助的研究项目中，学术研究小组和植物育种公司（以荷兰公司为主）将合作开发智能方法，使育种家能够更快地提高作物抗性。通过创新性地将现代植物生物学与人工智能（AI）和计算建模相结合，学习理解和预测植物如何利用多种遗传因素的复杂相互作用，更好地抵御压力条件。利用

这些知识，他们将开发出更强大、更具适应力的几种模式作物品种。新开发的“智能育种”方法有望提高传统育种技术和新育种技术应用者的工作效率。

2. 重视基础设施、教育和社会合作

除了研究之外，CropXR 还将投资共享数据基础设施，以及专业人员培训。它将通过与荷兰和其他国家的育种公司以及消费者组织、环保民间组织等其他利益相关者的互动和合作，推动其“智能育种”方法的广泛应用。

3. 开发具有更强的适应性的作物品种

全球迫切需要加快超强抗灾作物的开发，因为许多作物面临着如炎热、干旱、洪水和病原体等极端条件，而这些条件都因气候变化而加剧。与此同时，环境法规越来越严格，农民将随之减少使用化肥、农药和其他植保产品。为了使农业生产在未来几十年内实现可持续发展，需要更具有适应性的作物。

（来源：瓦赫宁根大学）

美国聚力“大豆泛基因组项目”

大豆作为一种可以用于生产蛋白质和生物柴油的可再生能源植物，是全球重要农作物。由伊利诺伊大学厄巴纳-香槟分校（UIUC）和美国能源部联合基因组研究所（JGI）领导的“大豆泛基因组项目”将对400个大豆基因组进行测序，旨在表征基因组多样性，创造更强健、更具环境适应力的作物。

UIUC 团队和其多机构合作者将选育大豆品系，提取 DNA 运送到 JGI 进行长读长测序，随后利用 AIFARMS 中心（由美国国家人工智能研究所项目设立）的大型数据集分析测序结果。

该项目将对至少 50 个来自栽培品系和野生近缘种的大豆基因组进行测序和分析，其参考质量水平为现代测序的黄金标准。另外 350 个基因组将由 JGI 进行高质量的测序。该项目将包括一系列多样化的大豆品系，包括多年生亲缘品系和适宜在恶劣条件下生产的品系，为该行业迈向气候适应性强的未来做好准备。

随着野生近缘物种的加入以及大量的参考基因组和高质量的基因组草图的设置，该项目将大大改善目前的大豆参考基因组。研究人员指出，该项目将能够深入分析现代大豆的进化和驯化，并授权大豆研究人员和育种者直接选择其他隐藏的基因遗传变异，这些基因可以作为品种发展的目标。随着大豆作为一种全球性作物以及一种关键的生物能源作物的重要性日益增加，这个项目将产生全球影响，对美国农业尤为重要。

（来源：Agropages）

美国农业部投资7 000万美元用于可持续农业研究

2月9日美国农业部（USDA）国家粮食和农业研究所（NIFA）宣布投资7 000万美元用于整合研究、教育和推广工作的可持续农业项目。重点资助项目如下。

奥本大学获得995万美元资助，用于改造受控环境农业（CEA）——美国农业一个快速发展的部分，包括在温室和室内空间生产粮食作物，有望在减少碳排放的同时生产所需食物。该项目将减少CEA食品生产环境中对加热和冷却的需求，提高CEA气候控制环境的整体效率，降低资源投入的碳强度。目前，受控环境农业价值740亿美元，预计每年将增长约10%。

克莱姆森大学获得1 000万美元资助，用于开发集成的水培环境控制农业（CEA）平台，通过提高作物耐盐性、开发农业脱盐技术和优化盐度管理，利用盐水灌溉种植耐盐粮食作物。项目内容还包括芥菜、黄瓜和番茄耐盐性种质资源的预选育和筛选，海水淡化技术，以提供优质灌溉用水。

密歇根州立大学获得1 000万美元资助，用于评估历史和预测冲击对国家农业食品系统的影响，并制定替代缓解和适应战略。包括开发支持人工智能的决策支持系统，使利益相关者能够更好地准备和快速应对多重冲击，以保障粮食获取、粮食公平、营养安全以及生产力供应。该项目的目标是建立能够抵御流行病、气候变化和食源性病原体等多重冲击的地方和区域粮食系统。

密苏里大学获得1 000万美元资助，用于发展气候智能型农业，同时加强农村地区的区域生物经济建设。该项目涉及来自17个州34名合作者的多元团队，将培训农民生产覆盖作物的种子，进一步推动对覆盖作物的投入。通过跨学科研究、推广和教育活动，该项目将制订关于覆盖作物品种改良的综合性国家计划，增加对区域适应性品种的使用。

（来源：美国农业部）

美国农业部投资 4 300 余万美元用于肉类和家禽加工研究和创新

3 月 9 日，美国农业部宣布投资 4 300多万美元用于肉类和家禽加工的研究、创新和产业扩展，以支持该国肉类和家禽产业供应链建设。美国救援计划和农业与食品研究倡议（AFRI）负责提供资金支持，资金分配如下。

1. 阿肯色大学获得 AFRI 肉类和家禽加工及食品安全研究与创新卓越中心提供的 500 万美元资金，计划通过实施先进的生产系统技术来评估风险管理和全面加强食品安全，从而推广肉类和家禽加工新方法。阿肯色大学家禽加工可扩展和智能自动化中心将整合肉类和家禽加工以及食品安全方面的基础和应用研究，以促进技术创新并减少安全和加工方面的行业壁垒。

2. 肉类和家禽加工研究与创新计划（小型企业创新研究第三阶段）将向 14 家中小型肉类和家禽加工商提供 1 390万美元资金。资助项目如下。

爱荷华州埃姆斯的 Biotronics 公司将开发并商业化一项利用超声波扫描测量猪肉背膘、肌肉深度和肌内脂肪的技术。该项目将优化小型包装机的技术，以减少运营规模和成本、简化流程并最大限度地减少工厂安装投入。该项目还将验证和安装在线扫描和屠体处理系统，并对工厂操作员进行相应培训。

纽约州伊萨卡的 Halomine 公司开发了一种抗菌涂层，该涂层显著改进了家禽和肉类加工卫生技术，在食品安全方面取得了重要的技术进步。HaloFilm 涂层可中和家禽和肉类生产环境中各种表面形成的有害病原体生物膜，从而降低食源性疾病的发生率并提高生产率。

加利福尼亚州圣莱安德罗的 Cinder Biological 公司改进了肉类和家禽卫生处理技术，该技术结合源自火山泉的天然酶，可生产出酸性和热稳定性较强的酶。使用该技术将减少铵基消毒剂的使用，提高食品安全并减少肉类和家禽加工操作中的职业危害。

Wholestone Farms 获得 2 500 万美元的肉类和家禽加工扩建计划（MPPEP）赠款，用于内布拉斯加州弗里蒙特大型工厂的扩建，该扩建可实现工厂二次轮班操作，使产能翻番。

（来源：美国农业部）

美国农业部2023—2026年科学与研究战略

美国农业部5月8日发布了《美国农业部2023—2026年科学与研究战略：培养科学创新》，该战略确定了美国农业部未来三年推动的五大优先事项，即加速技术创新和实践、推动气候智慧型解决方案、加强营养安全和健康、培育有复原力的生态系统，以及加速研究向应用的转化。

1. 加速创新技术和实践

目标1：构建变革性创新文化，囊括社会科学、文学和来自美国农业部及其合作伙伴的见解，兼具多样性、公平性和包容性，并建立互信关系。

目标2：通过对生产风险、消费者需求、健康需求和市场趋势的快速评估和共享沟通，改善所有美国人的健康和福祉。

目标3：通过协作智能工具（例如人工智能辅助支持系统）自动化或消除重复性任务，帮助从业人员逐渐适配未来的高质量工作岗位。

目标4：通过开发新的可选择的植物和动物特征以及先进和可定制的农业和林业管理实践，提高可持续生产。

目标5：创建适用于不同规模、系统、类型和农场位置的技术。

2. 推动气候智能型解决方案

目标1：加强量化和测量系统建设，评估气候变化影响的程度，农业和林业作为碳和温室气体（GHG）的汇和源对气候变化的贡献，以及适应和缓解对策的有效性。

目标2：加强研究和技术开发，提高农业和林业减缓GHG的技术潜力，以减少GHG排放、加强封存碳和生产低碳能源。

目标3：使农业部门具有抵御气候变化的能力。推广公平的气候智能型技术、方法和实践经验，帮助生产者、牧场主和森林土地所有者适应气候变化的后果。

目标4：开发和扩大基于科学、气候知情的决策工具和实践的可用性和应用性，以公平地支持美国农业部所有利益相关者适应气候相关风险，确保科学知识可获得、有用、可用和能被使用。

目标5：开展科学研究，支持农业、森林生物产品及清洁能源可持续市场，以确定新的收入来源，推动可持续经济和供应链，减少废物和GHG排放。

3. 加强营养安全与健康

目标1：加强科学的发展、推广和全民参与，同时考虑到与经济地位、人口、种族、生命阶段、残疾和地理位置相关的差异，以增进对影响粮食和营养安全因素的理解。

目标2：提高营养和健康数据的透明度和共享度，对营养安全和健康之间的联系形成一个广泛、可理解和包容的图景，并能够更迅速地满足人民需求。

目标3：增加数据和分析，以预测、制定和传播适当的干预或管理策略，减少和消除粮食生产和加工中的污染，减少粮食损失和浪费，考虑适应各种文化和背景，在不断变化的气候背景下提高粮食的营养价值。

目标4：增加对基于风险的分析和研究的支持，利用尖端技术识别病原体中的毒力因子，包括抗生素耐药性，从而开发和部署创新技术，减少食品系统中病原体的出现。

目标5：开发新的循证食品系统，巩固和支持与饮食指导、食品安全、农业、经济和联邦营养援助相关的决策。

4. 培育有复原力的生态系统

目标1：确定植物和动物基因组的DNA序列，并利用信息应用分子生物学技术，如基因组编辑和其他先进的育种方法，提高生态系统可持续性。

目标2：通过促进和推进土壤、植物和动物健康的微生物组研究，加快技术和实践的部署，以提高作物和动物产量，提高饲料效率，并提高对杂草、疾病、虫害和环境威胁的抵抗力。

目标3：加速采用变革性、多样化和综合的可持续农业系统（如综合作物-牲畜、作物-水产养殖、多年生和农林系统），认识到可持续投入的必要性，恢复和提高农业和水生生态系统的复原力。

目标4：通过发展识别、防治、应对和根除动植物传染病，包括人畜共患疾病和害虫的能力，提高农业生产和抗灾能力。

目标5：确定并促成采取明显保护或改善生物多样性、改善空气质量、提高和维持水质、加强碳固存和保护授粉种群的做法。

5. 加速研究向应用的转化

目标1：提高对与食品、饲料、燃料和纤维系统有关的科学进步和农业科学政策问题的沟通和认识。

目标 2：支持公平发展多元化、具有包容性、灵活性和有韧性的劳动力队伍，使其具备推动农业研究发展所需的知识、技能和能力。

目标 3：确保高质量数据和结果的收集、交付、存储、互操作性和保护，并利用美国农业部的数据资产为科学和研究提供信息，从而带来有影响力的积极变化。

目标 4：支持部署新的创新，通过促进科学和数据的产生和适当使用，制定基于风险和科学合理的政策和决策。

（来源：美国农业部）

加拿大拟投资建立口蹄疫疫苗库

加拿大食品检验局（CFIA）7 月 20 日发布消息称，加拿大农业部计划在 5 年内向加拿大食品检验局提供 5 750 万加元，用于建立加拿大口蹄疫（FMD）疫苗库，并制订口蹄疫应对计划。

加拿大新的口蹄疫疫苗库将由浓缩的口蹄疫疫苗组成，这些疫苗可以及时、经济高效地迅速转化为可用的疫苗，以应对和遏制疫情对加拿大畜牧业生产的经济影响，并有助于稳定贸易。2023 年秋季，CFIA 将启动透明且具有竞争性的采购流程，以建立加拿大 FMD 疫苗库。加拿大农业部长表示：建立口蹄疫疫苗库意味着在潜在的疫情暴发期间，加拿大有能力将疫情持续时间和传播范围缩减一半。新的疫苗库将进一步完善加拿大现有的应急计划，以缓解口蹄疫暴发产生的不利影响，支持加拿大畜牧业发展。

（来源：thepigsite. com）

欧盟为土壤健康项目投资 9 000 万欧元

欧盟官方网站消息称，欧盟委员会投资 9 000 万欧元用于 17 个新研究项目。这些项目将致力于恢复和保护土壤健康，以实现健康食品的可持续生产、保护生物多样性、增强气候适应能力。

到 2030 年，这些研究预计将有助于达成如下目标：创建知识和数据存储库，整合土壤和土壤健康方面的研究和创新知识；减少食品加工浪费并提高其废弃物价值，用于生产土壤改良剂和肥料产品；提出衡量土壤生物多样性和生态系统服务（例如农业生态系统和森林生态系统）的指标；提供工具和方法来确定土壤污染源，并在城乡地区实施经济有效的可持续土地管理措施；推动碳农业、土壤碳核算方法标准化和认证机制的实施；制定一个框架用于监测、报告和核实土地管理者在封存二氧化碳和减少温室气体排放方面所做的努力；共同创作土壤教育材料、指南、课程标准和开展培训；建立一站式服务架构，支持、扩大和推广即将于明年开始运作的土壤实验室网络；减少焚烧、填埋并提高农业废弃物的营养回收率。

项目参与者来自 32 个国家，除欧盟成员国外，还包括“地平线欧洲”联系国（以色列、科索沃、挪威、塞尔维亚和土耳其）和非联系国（英国、美国、加拿大和瑞士）。大部分项目已经启动。

（来源：欧盟官网）

产业发展

GDM 公司扩大非转基因大豆南美市场

据巴西咨询公司 AgRural 数据显示，由于干燥炎热的天气条件，2022/2023 年度巴西大豆种植量低于去年同期平均水平。在此背景下，阿根廷植物遗传改良公司 GDM 的一种耐旱大豆品种已批准在巴西和阿根廷种植。该品种改造的基因可干扰大豆对干旱和高温的反应，目前已进入田间评估阶段，未来有望被培育成更耐旱和更耐高温的品种。

此外，一种含有少量棉子糖和水苏糖的大豆也获准在巴西、阿根廷种植，并在哥伦比亚得到了种植许可。该品种的水苏糖和棉子糖含量分别减少 50% 和 75%，具有更高的营养价值且易于消化，有利于动物健康。上述 2 类大豆已被阿根廷政府归类为非转基因品种。

（来源：*Seed World*）

美国 Cibus 和 Calyxt 合并创建精准基因编辑和性状许可公司

近日，美国植物合成生物学公司 Calyxt 和农业精准基因编辑公司 Cibus 宣布，两家公司已达成最终合并协议，将创建一家新的行业领先公司 Cibus Inc.，并建立世界上最先进的性状开发和新一代植物育种设施。合并后的公司将成为农业基因编辑两个关键应用的领导者：

生产力性状（Productivity Traits）方面：生产力性状是“种子和性状”业务竞争的关键基础。Cibus 已获得专利权的基因编辑平台 Rapid Trait Development System™（RTDS），其重点是开发一类新的种子生产力性状，通过提高作物产量和减少杀真菌剂、除草剂、杀虫剂和肥料等投入来解决农业的可持续性。

可再生低碳成分（Renewable Low-Carbon Ingredients）方面：基因编辑是开发可持续低碳成分的关键工具，这些可持续低碳成分可替代化石燃料和柴油，是实现 2040 年净零碳气候目标和全球减少温室气体排放活动的关键支柱。

（来源：Agropages）

壳牌和 S&W 成立合资企业开发可持续的生物燃料原料

荷兰壳牌子公司 Equilon Enterprises LLC 与美国全球农业公司 S&W 宣布成立一家合资企业 Vision Bioenergy Oilseed，旨在为油籽覆盖作物开发新型植物遗传技术，用以生产生物燃料的原料。该合资企业将开发亚麻荠和其他油籽品种，并从中提取出油及粗粉，以便加工成动物饲料、生物燃料及其他生物制品。亚麻荠被认为是一种可扩展且具有商业可行性的油籽，有望成为能源转型期间可持续原料的来源。

作为苜蓿、高粱和牧草种子的全球领导者，S&W 将为合资企业提供种子研究、技术、生产和加工方面的专业知识，以及包括其在爱达荷州南帕的种子加工和研究设施。该合资企业预计将在 2023 年底初步进行粮食生产。

（来源：Agropages）

利马格兰推出免费玉米管理应用程序

近日，利马格兰推出一款免费的玉米管理应用程序，旨在帮助玉米种植者最大限度地提高玉米作物性能，帮助养殖者降低饲料成本。该程序使用最新的试验数据，能够在成熟度相近的范围内比较单个品种的能量输出以及牛奶、肉类或沼气生产潜力，从而根据用途和种植区域降低品种的选择难度。该程序包含 5 个管理工具。

收获管理器（Harvest Manager）：评估作物生长状况，帮助种植者确定最佳收获日期，最大限度地提高饲料价格和发酵质量。

饲料管理器（Feed Manager）：帮助用户计算出所选品种的成本节省金额以及每日活体重和沼气产量的增加数量。

成熟度管理器（Maturity Manager）：根据英国邮政编码范围内的气象数据计算出特定区域的热量累积量，帮助选择最合适的玉米品种。

播种管理器（Sowing Manager）：推荐合适的播种量，能够计算出播种面积所需的种子袋数。

LG 动物营养工具（LG Animal Nutrition）：在增加奶牛产量、活体重和沼气产量方面，突出强调使用高产、高能量品种可节约成本。

（来源：Agropages）

拜耳和 Oerth Bio 合作开发新一代作物保护产品

1 月 19 日，拜耳和美国农业生物技术公司 Oerth Bio 宣布建立新的合作关系，共同开发新一代更具可持续性的作物保护产品。Oerth Bio 的蛋白降解技术将助力拜耳的可持续发展战略，从而减少农业对环境的影响。

Oerth Bio 是 Arvinas 和拜耳的合资企业，成立于 2019 年，其独有的蛋白降解技术 PROTAC ®通过较低的施用率和良好的安全性，为建立全新的作物保护和气候适应型农场解决方案提供了新的途径。在 PROTAC ®技术中，Oerth Bio 的靶向蛋白降解剂具有高精度产品开发、低施用率和克服生物耐药性的特点，旨在保护作物免受病虫害的侵害，同时使所有其他物种和生物群落不受影响。根据设计，PROTAC ®只限于激活目标生物，从而保护周围的生命和土地免受脱靶冲击，可用于防治杂草、植物病害和虫害。

（来源：拜耳官网）

拜耳和西班牙 Kimitec 合作开发新一代生物制剂

2 月 2 日，拜耳和西班牙启力田（Kimitec）集团宣布建立新的战略合作伙伴关系，致力于加快作物保护的生物解决方案和生物激活剂的开发及商业化。两家公司将推动建立基于自然资源的生物解决方案，共同研发解决病虫害和杂草的作物保护产品，以及促进植物生长的生物激活剂。

Kimitec 集团从事植物生长激活剂的研发和生产，旗下的 MAAVi 创新中心是欧洲最大的生物技术创新中心，在农业和食品领域深耕天然分子和化合物研究 15 年，为农民和种植者提供了各类天然农产品。Kimitec 和拜耳的合作将加快生物产品的开发速度，并构建起综合作物管理解决方案。该方案可通过拜耳的全球基础设施骨干网进行延伸和拓展，包括现场测试、产品支持及商业化。

（来源：拜耳官网）

巴斯夫推出抗ToBRFV番茄新品种

近日，巴斯夫蔬菜种子业务部Nunhems宣布，该公司抗ToBRFV（番茄褐色皱纹果病毒）的番茄新品种将于2023年上市，以更好地满足种植者和市场需求。Nunhems目前已提供一系列抗性番茄品种，除了高生产力和抗病性外，这些品种在风味、颜色和视觉外观方面也广受欢迎。

2021年，巴斯夫在墨西哥推出了第一个抗ToBRFV的番茄品种Teenon F1，之后又先后引进了Blindon、Brovian、Strongton和Azovian等4个品种，这些都具有抗皱果性，并在西班牙、土耳其和摩洛哥等不同地区表现出良好的适应性。自2020年以来，巴斯夫已推出了9个抗ToBRFV的商业品种，并将继续为不同类型的细分市场推出新品种。

（来源：巴斯夫官网）

PacBio和科迪华实现长读长测序工作流程

3月28日，美国生物技术公司PacBio和科迪华宣布共同开发了可实现高通量植物和微生物基因组测序的新工作流程。在合作初期阶段，两家公司开发了规模化的DNA提取、剪切和文库制备工作流程，并利用文库制备简化了DNA提取，使科迪华能够每年对数千个作物和微生物样本进行测序。新的工作流程经过专门设计，支持经济高效、超高通量的长读长测序，为研究作物遗传学和多样性开辟了新的可能性。这些端到端的工作流程与新的长读长测序系统Revio相结合，将推动CRISPR/Cas基因编辑等种子产品开发工具和顶尖作物保护解决方案的实施。

合作取得丰硕成果后，两家公司都希望将测序能力和样品制备工作流程扩展到新的应用领域，并建立致力于彻底改变农业的持续合作伙伴关系。该合作结果将在今年得克萨斯州圣安东尼奥举行的基因组生物学技术进展大会（AGBT）期间进行公布。

（来源：pacb. com）

巴斯夫推进创新解决方案加速农业转型

3月15日，巴斯夫公布了其在作物保护、种子和性状以及数字解决方案等农业创新领域的最新进展，重点是为农民提供急需的解决方案，以克服当地和作物系统特有的虫害压力、气候挑战、不断变化的监管要求以及不断提高的消费者需求。

1. 美洲和欧洲农民的杂草治理解决方案取得重大进展

在北美洲和拉丁美洲，巴斯夫正推进多种杂草治理解决方案，将新型除草剂作用方式活性成分与大豆等主要作物的创新特性和精准农业技术相结合。具体包括：

①新型L-草铵膦（L-GA）活性除草剂配方将显著减少所需活性成分含量，节省运营成本。②Tirexor ®Active是一种新型PPO抑制性除草剂，可控制目前对其他PPO抑制剂具有抗性的杂草。③开发一种具有相应除草剂耐受基因的额外PPO除草剂，该基因将被纳入科迪华开发的新型除草剂耐受性状中。④开发相应的大豆除草剂耐受性状，目前正处于后期研究阶段。

此外，巴斯夫为欧洲农民发布了杂草治理解决方案：①博世-巴斯夫智能农业的智能喷洒解决方案在欧洲可用于玉米、向日葵、甜菜和大豆。该技术可更有效地使用除草剂。②Luximo ®Active为英国的小麦种植者控制黑草和意大利黑麦草提供了新的抗杂草工具。

2. 为欧洲农民种植水果和蔬菜带来创新

在欧洲，巴斯夫旨在通过种子育种以及化学和数字创新来提高水果和蔬菜的品质和风味，并减少食物损失和浪费：

①将推出最新的杀虫剂活性成分Axalion™ Active，这是一种新型化学物质，旨在保护作物免受各种刺吸式害虫的侵害。②2023年在水果、蔬菜和稻米中推出Revysol ®Active，其配方保持了Revysol的卓越性能和良好的调节特性，可确保稳定的产量和质量，对（树木）水果、葡萄和马铃薯中的白粉病、

黑斑病和其他病害起到很好的控制作用。③开发出 Sunions®，这是超市中第一个可以买到的无泪洋葱品种。④在欧洲多个国家推出新的蔬菜品种，对番茄褐色皱纹果病毒（ToBRFV）和番茄斑萎病毒（TSWV）具有抗性。⑤Agrigenius Vite 应用程序使葡萄种植者能够更明智地选择和使用杀菌剂，最大限度地提高产量和质量，并减少对环境的影响。

3. 提高亚太地区水稻产量的广泛解决方案组合

巴斯夫积极支持农民通过广泛的技术组合克服抗性杂草、病虫害带来的压力，将有多种新的化学物质和配方用于提高水稻产量：

①开发一种用于控制稻飞虱的新型杀虫剂作用方式。由②利用新型除草剂 Luximo®控制水稻中对其他作用方式产生耐药性的各种问题杂草，将成为水稻杂草治理和作物保护计划的重要工具。③Kixor CS®是 Kixor Active 的一种新型除草剂配方，可在出苗前至出苗后早期使用。除草剂的创新封装提供了物理屏障，可提高作物安全性，并实现对阔叶杂草的持久残留控制。④基于 Revysol 的产品可控制水稻的主要疾病（如纹枯病和黑穗病），未来两年内将推出新配方产品 Cevya®、Mibelya®和 Revyrize®。⑤Seltima Plus®是一种水稻病害管理解决方案，内置抗性管理功能。两种杀菌剂的组合促使种子产量和质量均超过市场标准。⑥用于直播水稻的 Provisia®水稻系统和 Clearfield®生产系统，让种植者能够持续更好地利用有限的耕地，是湿法水稻种植的替代品。Provisia 将于 2025 年前进入中国水稻市场。⑦xarvio FIELD MANAGER®的决策质量不断提高，促进了日本水稻的可持续生产。预计 2025 年该平台将推出新的害虫模型，同时疾病模型也将得到增强，支持更精确的杀菌剂时间、剂量和产品选择建议。

（来源：巴斯夫官网）

以色列初创公司利用 CRISPR 开发黄豌豆品种

近日，以色列初创公司 Plantae Bioscience 宣布已成功通过 CRISPR 基因编辑技术将黄豌豆中皂苷的含量降低了 99%，成为第一家使用 CRISPR 在黄豌豆中创造遗传性状的公司。

由于皂苷同时具有疏水性和亲水性，在下游加工过程中很难去除，所以植物蛋白加工商通常会通过添加盐或昂贵的掩蔽成分来解决苦味。相比之下，该公司通过 CRISPR 关闭了两类皂苷的生物合成途径，可以显著去除豌豆蛋白的苦味，并且该性状特质能够被遗传到第二代。在世界大部分地区，这种豌豆普遍被视为非转基因产品，下一步该公司计划繁殖更多的种子以进行田间试验。

Plantae Bioscience 公司于 2021 年从以色列魏茨曼科学研究所（Weizmann Institute of Science）分离出来，获得了分子生物学创新公司 Huminn 600 万美元的种子资金支持。该公司利用计算蛋白质设计、代谢组学和基因编辑等多种技术创造具有新性状的植物，包括植物营养素含量更高的基因编辑水果和蔬菜，以及专为垂直农业设计的植物品种等。

（来源：agfundernews. com）

美国 Ginkgo Bioworks 与先正达共同开发新一代种子性状

4 月 17 日，美国生物技术公司 Ginkgo Bioworks 宣布与先正达种业公司建立研究合作伙伴关系，专注于筛选用于发现新性状的靶向基因库，旨在为未来的种子性状发展提供信息，使农民能够种植更健康、更具适应性的作物。根据协议，该研究将利用 Ginkgo Bioworks 广泛的蛋白质工程能力和超高通量筛选技术，以完善并加快先正达在设计和开发植物新性状方面的工作。

Ginkgo Bioworks 总部位于波士顿，其构建的超高通量单细胞封装技术和筛选平台，能够像计算机编程一样轻松地对细胞进行编程，推动了生物技术在不同领域的应用，包括食品、香料、医药和农业等。

（来源：ginkgobioworks. com）

巴西推出抗锈大豆品种

近日，巴西农业研究公司大豆研究部门 Embrapa Soja 在 Tecnoshow 2023 展会上推出了含有抗亚洲锈病基因的大豆品种 BRSMG 534。该品种具有高生产率和生产稳定性，同时其特有的 Shield 技术，在能够不使用杀菌剂的前提下，提高病害化学管理的效率和安全性。该品种还对大豆主要病害细菌斑点病、灰斑病和茎枯病具有抗性，对白粉病和两种主要根结线虫具有中度抗性。

此外，Embrapa Soja 还展示了大豆品种系列，包括三种常规大豆品种（BRS 546、BRS 511、BRS 573）、三种耐草甘膦和主要大豆害虫的转基因品种（BRS 1061 IPRO、BRS 1003 IPRO、BRS 1074 IPRO）以及一种对草甘膦和麦草畏除草剂耐受的品种（BRS 2562 XTD）。

（来源：Agropages）

美国农业技术公司和种子零售商合作测试玉米新性状

近日，美国 Insignum AgTech 公司和全美最大的种子零售商 Beck's 宣布达成合作，将于 2023 年在 Beck's 的优良品种中实地测试 Insignum 的玉米性状，以评估性状的商业可行性。试验的初步结果将于今年秋季在印第安纳州的 Insignum 现场开放公布。

Insignum AgTech 开发的植物遗传性状，可使植物在受到特定的压力时发出信号。利用这种特性，玉米在遭受真菌感染初期，会产生紫色色素。其他性状则通过红色或蓝色等天然色素，在早期显示出产量限制的因素，如遭遇虫害或生育力丧失。这将使农民获得可持续生产和精确处理的能力，可在不增加昂贵投入的情况下提高作物产量。

（来源：普渡大学）

先正达 Tomato Vision 育种中心重塑番茄研究

先正达全新的番茄育种中心 Tomato Vision 位于荷兰马斯兰市（Massland），育种区域面积14 000平方米，是下一代番茄研究、试验、口味测试和食用品质中心。Tomato Vision 拥有最先进的智能玻璃温室，使用业内最新的育种技术和最好的数据管理技术，其团队使用机器人、数字化以及人工智能等新技术，将数百万个潜在品种、场景和基因整合在一起，以找到未来最佳的候选品种。

在 Tomato Vision，每年有 800 多个新品种通过传统和先进育种技术进行测试。玻璃温室具备照明和无照明栽培功能以及完整的气候控制，能够模仿自然条件，用于品种测试和选择。通过收获机器人和人工智能培育西红柿，可不断测试最新技术，为未来的温室生产做好准备。

（来源：Agropages、先正达官网）

英国 Resurrect Bio 研发抗病农作物

5 月 16 日，英国生物技术初创公司 Resurrect Bio 宣布获得 161 万英镑的种子轮融资，用于研发抗病农作物。Resurrect Bio 计划搭建一个抗病性状发现平台，结合计算生物学、人工智能和合成生物学，能快速识别和恢复作物中的原生抗病基因。通过基因编辑技术，可在不引入外源 DNA 的情况下，修复作物的先天免疫系统，使农作物增加抵抗疾病的能力。

通过与 SynBioVen 等公司合作，Resurrect Bio 能够加快交付基因编辑后的抗病种子，这将进一步提高农作物产量，减少对农用化学品的依赖，有助于解决日益严重的世界粮食安全问题。

（来源：resurrect. bio 官网）

先正达与富美实共同推出新型除草剂

5 月 16 日，先正达植保公司与富美实公司（FMC）宣布达成一项协议，将面向亚洲水稻市场推出一款以四氟络草胺（tetflupyrolimet）为活性成分的新型除草剂产品。Tetflupyrolimet 通过抑制杂草体内关键生长分子嘧啶的合成，达到抑制杂草生长的效果，可对杂草进行全季控制，其用药量极低，具有良好的作物安全性，非常适用于直播水稻。

根据协议，先正达和 FMC 都将把 tetflupyrolimet 制剂推向亚洲主要水稻市场。先正达将在中国注册并商业化 tetflupyrolimet，同时还在印度、越南、印度尼西亚以及日本和韩国推出其混配制剂。FMC 将在以上这些国家注册和商业化 tetflupyrolimet 及一系列产品，但在中国，FMC 专注于混配制剂的开发和推广。此外，先正达将进一步在孟加拉国独家商业化 tetflupyrolimet。

（来源：先正达官网）

拜耳和嘉吉共同为印度小农户提供数字解决方案

6月12日，拜耳和全球食品公司嘉吉（Cargill）达成战略合作协议，共同为印度农民提供创新解决方案，实现农产品最优价格，从而重塑印度农业格局。协议利用嘉吉针对本地化需求量身定制的移动化、人工智能驱动服务平台 Digital Saathi 以及拜耳为超过 500 万小农户提供支持的 Better Life Farming Centre，将改善小农户的市场准入门槛。

拜耳和嘉吉共同致力于为农民提供数字化解决方案，包括交流平台和有关市场价格、天气预报以及收获前后建议的综合信息。拜耳的电子商务战略包括通过 Digital Saathi 应用程序扩展定制解决方案，并通过与食品价值链合作伙伴（Food Value Chain Partners）合作，重塑和可持续地影响农业部门。同时，还为农民提供拜耳在 Digital Saathi 上的玉米产品组合 DEKALB®，从而增强其农业生产能力。

此外，嘉吉的 Digital Saathi 平台提供便捷的作物投入品电子商务（Crop Input e-commerce）和作物销售报价（Crop Sell Offer）功能，确保农民可以获得高质量的作物投入品，并通过数字化市场促进农民和供应商之间的市场联系。这种综合平台旨在提高农民的决策能力，简化农业运营，并在农业生态系统内建立高效无缝衔接。目前，Digital Saathi 已与 5 万多小农户登记合作，预计到 2027 年将扩大到包括印度卡纳塔克邦和中央邦在内的 8 个邦的 300 万农户。今年年初，Digital Saathi 开始在平台上引入农场咨询订阅和农场管理服务（土壤测试），进一步为农民提供满足其农业生产需求的综合解决方案。

（来源：嘉吉官网）

科迪华利用抗病基因特性培育新品种

近日，科迪华的一项研究证实，玉米基因组中的抗病基因能够自然移动位置，该发现可应用于育种新技术中。研究显示，CRISPR 等基因编辑工具可以模拟这一自然发生的过程，重新定位多个抗病基因，这将加快植物育种进程，对植物病害防治具有重要意义。相关研究成果发表在《分子植物病理学》（*Molecular Plant Pathology*）。

自然界中，植物为抵御各种病原体的攻击，不断促使抗病基因在基因组中自然移动，但这种基因自然移动速度非常缓慢，无法有效应对全球病害和气候变化带来的压力。而新的育种技术不仅简化了农民的病害防治选择，还可通过减少植保产品需求来提高农场的可持续性，减轻作物患病压力，从而提供能够更好地承受田间挑战的种子。

（来源：科迪华官网）

拜耳大力发展再生农业

6 月 20 日，在纽约举办的作物科学创新峰会上，拜耳展示了在作物固氮、生物制品、生物燃料、碳耕作、精准应用服务以及数字平台和市场等细分领域的增长潜力。此外，拜耳利用向再生农业转变所带来的机遇，在种子、性状、作物保护和数字农业等核心业务基础上，大力发展农业相邻市场。拜耳预计每年将在农业相邻市场获得超过1 000亿欧元的收入，有望将作物科学事业部的潜在市场规模翻一番。基于领先的农业投入解决方案，拜耳计划未来十年内在超过 24 亿亩耕地上推动再生农业发展。

1. 聚焦再生农业解决方案

为各种作物量身定制的创新解决方案能够提高产量，促进土壤再生，最大限度地减少农业对气候和环境产生的不利影响。展望未来，拜耳将重点投资为再生农业提供重要支柱的解决方案，包括提高生产力、种植者和社区的社会经济福祉、保护水资源、减缓气候变化、改善土壤健康以及保护和恢复生物多样性。

2. 行业领先的研发路径推动农业转型

2022 年，拜耳共有 15 个项目取得长足进步，包括全新作物保护活性成分、全新种子性状和数字模型。拜耳推出 500 个全新杂交种和品种，更新了种子产品组合，并推出 10 个作物保护新制剂和 250 多个新登记品类。2022 年除特殊项目外的研发投入为26亿欧元。此次峰会上，拜耳公布的研发路径涵盖多项新技术。

（1）定制种子和下一代育种技术　拜耳凭借丰富的种质资源库推进现有育种技术，同时开发基因编辑等下一代育种工具，为玉米、大豆、棉花和蔬菜等作物的种植者提供定制种子。此外，拜耳还研究水稻和小麦等主要作物的杂交技术，以进一步提升生产效率和可持续性。直播稻技术将改变水稻生产模式，大幅减少水资源消耗并提高产量。拜耳正在印度开展相关初步试验。

（2）性状转化技术　拜耳的Preceon智能玉米系统可降低植株高度，给种植者带来诸多收益，包括降低大风天气造成的损失，可全种植季更为精确地施用作物保护产品和养分，以及通过数字工具优化农业投入、种植种群和田间布局的潜力。凭借在蛋白质优化技术、RNAi（核糖核酸干扰）技术和生物技术方面的专业知识，拜耳能够将矮秆玉米等新性状技术与当前和下一代抗虫性状（如第三代抗玉米根虫性状）相结合，使种植者能够享受矮秆产品在害虫和杂草防治领域的优势。此外，拜耳还为巴西开发具有多重作用机理的抗虫和耐除草剂大豆品种，在热带环境下管理持续变化的害虫和杂草抗性挑战中发挥关键作用。

（3）可持续的小分子技术　拜耳开发全新的作物保护方式，包括全新作用机理的除草剂，用于田间杂草控制，是该行业30多年来首创。该化合物可有效控制关键抗性杂草，并有望在未来十年内实现商业化。此外，还包括处在第三研究阶段具有巨大潜力的用于谷物、玉米、果树和蔬菜的新型广谱杀菌剂以及处于第二研究阶段有可能适用于谷物和油菜的广谱园艺杀菌剂。

3. 拓展全新农业相邻市场

（1）作物固氮和生物技术突破　基于生物学的固氮技术可帮助种植者以更少的资源投入获得更大收益，减少种植玉米和小麦等作物的碳排放和成本。减少氮肥的使用对生物多样性和土壤健康的潜在好处是巨大的。作为拥有Serenade等产品的生物制品市场领导者，并与Gingko Bioworks，Kimitec，M2i和AlphaBio公司开展开放式创新合作，拜耳致力于在2035年达到超过15亿欧元的销售目标。

（2）生物燃料　覆盖作物有助于种植者通过可持续的方式保护自己的田地，促进土壤健康。拜耳持股的CoverCress公司通过向生物燃料制造商出售同名覆盖作物以获得额外收入。CoverCress 公司从覆盖作物中提取燃料油的方式可降低碳排放强度，由于覆盖作物种植期处于两季作物的间隔期，因此可以在不与粮食作物争地的情况下制成可再生燃料。

（3）数字价值链　精准农业和数字农业技术的进步正帮助种植者最大限度地提高土地和农业实践的生产效率和可持续性。Climate FieldView 数字农业平台已成为重要的决策工具之一，广泛应用于全球超过 13.2 亿亩的农作物。除了向种植者实时提供农事监管外，它还作为数字平台提供量身定制的解决方案。除了应用于农场之外，FieldView 还是创建价值链解决方案的门户，记录客户气候智能型耕作实践，并为拜耳在美国推出的 Forground 平台等全球碳计划提供支持。年初，拜耳发布了基于云计算的企业解决方案：拜耳 AgPowered Services。该服务由微软 Azure 农业数据管理器赋能，提供一套先进的数字能力和强大的数字基础设施，加快食品和农业行业的创新。

（4）碳耕作　拜耳支持种植者增加固碳并减少碳排放。通过种植耐除草剂作物从而实现免耕以及使用覆盖作物，可以改善土壤健康，减少土壤侵蚀并减少碳排放。此外，拜耳的碳倡议还通过将种植者与全球碳市场联系起来，为他们开辟新的收入来源。

（来源：Agropages）

拜耳与 Fermata 将 AI 技术用于早期病虫害检测

近日，拜耳与数据科学公司 Fermata 宣布完成初步实验，共同验证了使用 AI 技术减少农药使用的模型。该项目涉及对 Fermata 的病虫害自动检测平台 CroptimusTM 进行可行性研究，验证该计算机视觉系统功能，并证明病虫害的早期检测将提高作物生产的可持续性。

CroptimusTM 系统采用 AI 技术分析摄像机每天收集的数千张图像，能够在早期检测出最微小的病虫害迹象，可在病虫害暴发之前利用毒性较少的农药在小范围区域内精确喷洒，进行快速处理。这将大幅减少作物损失和投入（包括农药），节省大量资金成本。

（来源：globenewswire. com）

科迪华宣布在加拿大推出Vorceed™ Enlist™玉米产品

近日，科迪华宣布在加拿大推出Vorceed™Enlist™玉米产品。这将使农民有机会在Pioneer®玉米和Brevant®种子中获得Vorceed Enlist玉米技术来防治玉米根虫。

Vorceed Enlist玉米技术结合了3种作用模式，用于地上和地下昆虫防治，包括RNAi技术。此外，它还对4种除草剂（2，4-D胆碱、草甘膦、草铵膦和FOPs）具有耐受性，有助于改善抗性杂草管理。Enlist Duo™和Enlist™除草剂是唯一获准用于Vorceed Enlist玉米的2，4-D制剂。与传统2，4-D制剂相比，Enlist除草剂能够固定目标作物，减少农药漂移和挥发性。田间试验显示，与对照组相比，加拿大西部和北部玉米根虫的成虫出现率降低了约99%。

（来源：Agropages）

美国Cibus高通量基因编辑工厂建成投产

近日，美国农业技术公司Cibus宣布其位于圣地亚哥的Oberlin工厂已投入生产。Oberlin工厂作为第一家半自动化基因编辑性状生产工厂，提供了有时限、可预测和可重复的高通量性状生产系统，其高效的生产能力可满足客户对专有性状和未来性状开发的需求，目前已为11家种子公司进行基因编辑生产。

Cibus独有的Trait Machine™技术可直接在优良种质中编辑复杂的性状，极大提高了性状开发和商业化的速度与规模，从根本上改变了种子公司将新性状引入先进产品的方式，并极大加快了向农民交付新性状种子的速度。Trait Machine™将作物特异性RTDS®细胞生物学平台与一系列基因编辑技术相结合，完成了端到端的作物特异性精确育种系统建设，目前已商业化应用于油菜、冬油菜和水稻，未来还将建立大豆、小麦和玉米细胞生物学平台。

（来源：Agropages）

美国 McClintock 和 Amfora 利用 AI 培育超高蛋白大豆品种

7月11日，美国人工智能和机器学习公司 McClintock 与生物技术公司 Amfora 宣布达成合作，共同开发高产、超高蛋白大豆品种。

Amfora 专注于大豆开发，将其作为一种可扩展、低成本、高密度的蛋白质来源，并用于植物性动物蛋白的替代品。其搭建的技术平台可通过基因编辑提高食品和饲料作物的营养密度，从而不断满足全球对高蛋白食品的需要。通过合作，McClintock 将利用人工智能和机器学习算法分析和推进 Amfora 的种质收集，帮助识别与高产量和超高蛋白质含量相关的关键遗传标记和性状，从而加快和优化 Amfora 的育种工作，减少开发新大豆品种所需的时间和资源。

（来源：amforainc. com）

先正达收购巴西种子公司 Feltrin Sementes

近日，先正达宣布收购巴西蔬菜种子公司 Feltrin Sementes。Feltrin Sementes 成立于1979年，专注于蔬菜的遗传改良、生产及商业化，拥有50多种作物的500多个品种，并为40多个国家的小农和家庭园艺提供服务。今年早些时候，双方已达成收购意向，Feltrin Sementes 品牌将继续保留。

（来源：Agropages）

隆平高科发布首份巴西可持续发展报告

6月12日，隆平高科发布了首份巴西可持续发展报告。报告介绍了2022年期间公司项目、混合型研究、商业战略和取得的成就，以及可持续发展和 ESG（环境、社会和治理）实践。隆平高科于2022年成立了可持续发展和 ESG 委员会，目的是在整个生产链中，从环境、社会和治理等角度为战略目标做出贡献，包括使公司成为可持续发展和 ESG 的标杆，在企业内部宣传可持续教育以及在企业道德规范和治理方面的创新和良好做法。

坚持可持续发展。以卓越的产品组合、服务解决方案以及运营效率为重点，积极改进工艺、加大水再生处理、扩大太阳能利用和减少使用非锂电池铲车。2022 年，该公司实现2 800万公升雨水再利用，部署了6 265块太阳能光伏板，更换配备由锂电池叉车组成的车队，植物废弃物被重新用作生物质，超过6 000多吨的垃圾被回收再利用。

加大人才投入。对每位员工进行超过 54 小时的培训，为 340 多名员工提升职务或薪酬，实施了 8 项薪酬和表彰计划。创建初级实习计划，在假期期间雇用员工子女，提供报酬和必要帮助。

健全企业治理。通过加强内部管理流程，保护客户和合作伙伴利益，制定严格行为准则，遵守所在国家和地区法律法规，建立了符合最佳经营实践和治理标准的公司治理模式。

（来源：隆平高科官网）

转基因紫番茄即将在美国上市

7 月 10 日，英国诺福克植物科学公司（NPS）宣布与美国 FDA 完成了关于紫番茄安全性的上市前咨询。经过三年审查，FDA 表示源自 Del/Ros1-N 的紫番茄不会产生食品安全问题。通过添加从金鱼草花提取的两个在成熟过程中被激活的基因，该番茄既有紫色果皮又有紫色果肉，富含大量抗氧化的花青素，营养价值更高。NPS 公司计划推出一系列紫番茄产品，包括新鲜番茄和家庭园艺用种子。

（来源：agfundernews. com）

先正达宣布成立生物制剂公司 Syngenta Biologicals

7 月 13 日，先正达宣布成立生物制剂公司 Syngenta Biologicals，将 2020 年收购的意大利生物制剂公司瓦拉格罗（Valagro）与其自身的生物制剂业务整合纳入到该公司，推动全球生物制剂市场快速增长。

Syngenta Biologicals 拥有先进的研发管线及商业化能力，在全球拥有 6 个生产工厂和1 100多名员工。其产品组合包括：针对多种土传和叶面病害的生物杀菌剂 TAEGRO ®、帮助作物应对胁迫的生物刺激剂 MEGAFOL ®以及叶面施用生物肥料 VIXERAN ®。除加快生物制剂研究外，Syngenta Biologicals 还积极开展合作，扩大生物制剂的供应范围，包括叶面喷雾、种子处理、肥料组合产品及非农业用途等。

（来源：先正达官网）

隆平高科收购云南宣晟种业

8 月 14 日，隆平高科与云南宣晟种业有限公司签署《股权转让协议》，拟收购宣晟种业 51%股权，控股宣晟种业。本次交易拓展了隆平高科在西南区域玉米种子市场战略布局，进一步强化了该公司核心竞争力，为推进落实国家种业振兴行动注入新的力量。

宣晟种业成立于 2017 年，聚焦杂交玉米品种的研发、生产和销售，深耕云南本地种业市场，并辐射贵州、四川等周边地区。由创始人蒋思锦主持选育的玉米品种在西南地区中高海拔区域具有明显优势，目前在云南玉米种业市场排名前三、西南玉米种业市场排名前五。

（来源：隆平高科官网）

Pairwise 和拜耳合作开发矮秆玉米

近日，美国食品和农业公司 Pairwise 和拜耳达成了一项为期 5 年、价值数百万美元的合作协议，共同推进矮秆玉米创新。两家公司以前已合作 5 年，主要集中在玉米、大豆、小麦、棉花和油菜等作物上，目的是提高亩产。

新协议专注于优化和增强基因编辑矮秆小麦，能够用于拜耳的 Preceon™ 智能玉米系统。矮秆玉米的目标株高比传统玉米低 30%至 40%，株高降低有许多优势，包括保护作物免受极端大风所造成的损失。Pairwise 专有的碱基编辑工具包括 REDRAW™（即 RNA 编码的、通过 CRISPR 进行的 DNA 等位基因替换），是一种精确的模板化编辑工具箱，可以在 CRISPR 靶向位点进行任何类型的小编辑。另一个工具是 SHARC™，是一种专有酶，适用于切割、碱基编辑和 REDRAW 编辑。这些工具几乎可以在基因组的任何位置进行特定更改，比传统的育种过程更快，更精确地产生结果，从而能够加快交付种植者所需的解决方案。

（来源：Agropages）

拜耳投资 2.2 亿欧元新建再生农业研发设施

近日，拜耳宣布将在蒙海姆园区投资 2.2 亿欧元新建研发设施，用于加强再生农业领域的创新。这是 1979 年蒙海姆园区成立以来，拜耳在德国作物保护领域最大的单笔投资。新的产品安全综合楼设有实验室、办公室和温室区，可容纳约 200 名员工，其重点是开发下一代化学品，并提高作物保护产品对环境和人类的安全性。该工厂预计建设期为 3 年，计划于 2026 年全面调试。

拜耳致力于可持续发展，降低植保产品对环境的影响。为保证产品的安全性，拜耳将利用高质量的代谢、人类和环境数据包进行全面的风险评估，以回应监管机构的所有关切。新研发设施将保证测试和研究符合监管标准并在类似于自然界、更真实的条件下进行。除了对靶标作物、轮作作物和牲畜进行残留物分析和代谢研究以保障人类安全外，重点关注环境安全，包括在不同环境区域的暴露研究，以及对水生和土壤生物、野生鸟类和哺乳动物以及传粉媒介（如蜜蜂、大黄蜂等）等非靶标生物进行安全研究，以全面了解环境暴露和作物保护产品的影响。

此外，新的研发设施将成为拜耳作物保护新创新方法的重要基石。拜耳颠覆性的创新方法 CropKey 可以设计分子而不是进行选择，能够根据预先设定的安全和可持续性特征，创建出超越现行标准的解决方案。数据科学、早期安全筛查、建模和人工智能等关键要素使科学家能够利用海量数据和机器学习创造下一代作物保护产品。

（来源：拜耳官网）

先正达与 Sustainable Oils 合作销售亚麻荠种子

先正达种业公司与美国可再生燃料公司 Global Clean Energy Holdings 的子公司 Sustainable Oils 达成一项新协议，合作销售亚麻荠（Camelina sativa）种子。该种子将通过先正达的 AgriPro®经销商网络以垂直营销模式销售。由于具备完整的供应链模式，购买亚麻荠种子的农民将获得一份购销合同，因而没有销售风险，实现了生产者、农业环境和农村经济的共赢。

作为一种超低碳油料作物，亚麻荠可作为可持续航空煤油和可再生燃料的主要原料，以及可持续动物饲料的成分。亚麻荠可种植在休耕地或作物周期间的闲置土地上，具有低用水量、快速成熟和弹性产量的特点，能够像覆盖作物一样保护土地，提供一系列环境效益，包括改善土壤结构和减少温室气体排放。

（来源：Agropages）

巴斯夫在巴西推出抗 ToBRFV 的杂交番茄品种

近日，巴斯夫宣布在巴西推出三种抗番茄褐色皱纹果病毒（ToBRFV）的番茄品种。除产量可观和植株健康外，这些品种还满足了消费者对番茄风味、颜色和外观的需求。自 2020 年以来，巴斯夫开发出 17 种抗 ToBRFV 杂交品种。此前为防止墨西哥相关病例输入，巴斯夫已向巴西提供了 4 种沙拉型抗性杂交品种，即 Blindon、Strongton、Azoviam 和 Brovian。

ToBRFV 是一种严重危害番茄健康的传染性病毒，可使番茄减产 70%，给农民和番茄市场造成了巨大损失，然而目前仍然没有抗 ToBRFV 感染的有效方法。自 2014 年在约旦发现首例病例后，ToBRFV 很快蔓延到除澳大利亚和巴西以外的世界各地。为解决农民面临的上述挑战，巴斯夫将每年投资约 9.5 亿欧元用于新技术研发，并通过其种子和蔬菜品牌 Nunhems 推出门户网站 A Batalha Contra o Rugoso，提供该病毒的相关信息、预防形式以及在田间识别该病毒的方法。

（来源：Agropages）

拜耳生物杀菌剂Serenade可提高土豆品质与活力

近日，拜耳研究发现生物农药Serenade的特性可提高土豆产量和表皮质量，降低病害发病率，增加营养成分钙、铁的含量，并大大降低龙葵碱（solanine）水平。Serenade是一种活菌生物杀菌剂，含有天然解淀粉芽孢杆菌菌株QST713。产品施用到土壤后，这些细菌会定殖在植物根部，以根系分泌物为食，并保护植物根系、匍匐茎和块茎免受丝核菌、疮痂病等土传疾病的侵害。此外，Serenade有助于植物长出更多的根系以增强养分吸收，特别是磷酸盐和微量元素铁、锌和锰。

2018—2022年，拜耳与50名主要种植者在荷兰开展合作，全面调查施用Serenade在土豆田土壤中的功效。来自147次大规模田间试验的数据生成了巨大的数据库，可进行详细的数据和统计分析，进一步揭示了Serenade功效的基本原理及其独特之处。

（来源：Agropages）

丹农收购科迪华苜蓿育种项目

9月1日，全球饲料和草坪种子市场领导者丹农（DFL）宣布完成对科迪华苜蓿育种项目的收购。此次收购包括科迪华全球苜蓿种质资源和育种项目，涵盖苜蓿Hi-Gest技术、Hi-Ton性能苜蓿、Hi-Salt耐盐苜蓿和msSuntra杂交技术的Alforex Seeds品牌和商标，以及当前商业化苜蓿品种和科迪华苜蓿项目的专业人员。

致力于在全球市场建立强大的苜蓿业务，该收购为丹农提供了功能强大的苜蓿遗传平台和行业领先的品牌组合，补充了丹农现有的苜蓿产品和品牌，为市场提供了多样化和可靠的苜蓿种质资源基础和丰富的本土性状，这些性状具有出色的产量潜力、抗病虫害能力、抗寒性以及卓越的牧草品质。此外，通过将世界各地的苜蓿育种工作整合到丹农的全球研发计划，可显著提高丹农在苜蓿育种和销售中的全球地位。

（来源：Agropages）

Sevita 将在加拿大推出 9 个大豆新品种

加拿大大豆公司 Sevita International 计划 2024 年在加拿大推出 9 个大豆新品种。该公司从其育种计划 Sevita Genetics 中选择品种，与其他跨国公司和公共育种组织合作，为加拿大本土市场开发、提供商业大豆种子。

计划投入市场的新品种中，3 个食品级品种的优势特性涉及：高产、具有适宜的外形和株高、中晚熟品种、蛋白质含量高、具有胞囊线虫抗性和两个抗疫霉根腐病基因等。6 个性状改良品种的优势特性涉及：高产、具有白霉和疫霉抗性、褐茎腐病抗性、大豆胞囊线虫抗性、Rps1c 疫霉抗性，以及 SDS 耐受性。所有新品种都在加拿大多个试验田种植，表现良好。在过去两年里，Sevita International 已在加拿大各地推出 19 个新的食品级和性状改良大豆品种。

（来源：sevita 官网）

Sevita 推出加拿大首个非转基因高油酸大豆品种

加拿大大豆公司 Sevita International 开发并推出加拿大首个非转基因高油酸大豆品种。该品种（Alinova）是一种高产的耐 SCN（soybean cyst nematode，大豆胞囊线虫）的非转基因高油酸大豆品种，已获得加拿大卫生部和加拿大食品检验局（CFIA）的批准。

高油酸大豆油的成分可与橄榄油或菜籽油相媲美，与标准大豆油相比具有更高的氧化稳定性，从而延长食品的保质期。该油具有适合食品制造的独特口味，比商品大豆油中含有的饱和脂肪更少，更加吸引注重健康的消费者。测试证实，Alinova 的产量与行业领先的转基因产品相当，并且是成熟度最高的非转基因品种（相对成熟度 1.5［2900 CHU］）。此外，Alinova 还具有大豆胞囊线虫抗性，植保投入的成本也较低。

加拿大大豆的销售范围覆盖亚洲、欧洲和北美部分地区，制造商将加工成了各种大豆食品，如豆腐、豆奶、纳豆、味噌、酱油、大豆人造肉、比萨、酸奶和奶酪等。Alinova 主要被送往亚洲进行食品制造。日本 Alinova 的主要采购商表示，Alinova 大豆脂肪酸成分中的油酸含量与橄榄油相当，还含有较少的大豆气味，保质期长，适合用于生产植物性食品。

（来源：farmersforum. com）

ADM 和先正达共同开发下一代低碳油籽

9月28日，全球领先的营养领域和农产品加工贸易公司 ADM 与先正达签署谅解备忘录，共同扩大下一代低碳油籽和改良品种的研究及商业化，以满足对生物燃料和其他可持续来源产品日益增长的需求。

ADM 和先正达将利用各自优势加速新型低碳油籽（如亚麻荠）的研究、加工和商业化。ADM 拥有全球规模的生产和储存能力，庞大的物流网络以及食品、饲料、燃料、工业和消费品的销售网络。先正达则将提供生物技术支持、种子处理技术和生物制剂产品，以进一步降低作物的碳强度。通过整合整个价值链，研发新的育种技术，双方将建立一个提升覆盖作物（Cover crops）加工的途径，为农民带来更可持续和更多利益的解决方案。两家公司预计在今年年底前签署最终协议，并且已经围绕下一代品种的种植和加工共同推进重要工作。

（来源：ADM 官网）

Tropic 和科迪华合作开发基因编辑抗病玉米和大豆

近日，英国农业生物技术初创公司 Tropic 宣布与科迪华达成战略合作，利用 Tropic 特有的基因编辑技术 GEiGS 开发玉米和大豆的非转基因抗病性状。

致力于开发有效和持久的抗病性状，控制可能严重影响作物生产和粮食安全的疾病威胁，以及促进农业环境可持续发展，两家公司计划将 GEiGS 介导的性状整合到科迪华的优质玉米和大豆资源中，利用先进的基因编辑技术来提高作物性能，增强对害虫、真菌和病毒性病害的抵抗力，并减少对环境的影响。这将为农民提供更具环境适应性和更加高产的作物，为粮食和农业生产创造更可持续的未来。

（来源：Agropages）

拜耳将草莓纳入水果和蔬菜业务

9月21日，拜耳宣布收购英国国家农业植物学研究所NIAB的草莓资产，将其纳入水果和蔬菜业务，以满足消费者和零售商对高品质草莓日益增长的需求，并提供适合露天生长的品种。该收购预计于2024年1月1日完成。

NIAB的草莓育种计划已运行40多年，此次收购将为草莓种植者提供优质的遗传资源、先进的作物保护产品和数字解决方案。草莓种植者可以更好地进行环境管控、作物管理及病虫害防治，减少用水量以及延长零售保质期，从而在水果品质、收获安全性和一致性方面得到明显提高。此外，拜耳还表示将把精准育种技术用于草莓育种。

拜耳的蔬菜种子业务拥有20多种不同的作物和数千种蔬菜种子，为各类种植者提供了适合全球消费者口味和偏好的种子品种，主要作物包括番茄、黄瓜、豆类、西蓝花、胡萝卜、花椰菜、茄子、生菜、甜瓜、洋葱、胡椒、菠菜、甜玉米和西瓜。2022年，该业务的销售额达到7.17亿欧元。

（来源：拜耳官网）

Above Food与NRGene签订资产购买协议

近日，加拿大创新食品公司Above Food宣布与以色列农业科技公司NR-Gene签订资产购买协议（APA）。根据协议，Above Food将购买来自NRGene的基于AI技术的基因组资产、知识产权和性状开发技术许可权，并获得NR-Gene专有的TraitMAGIC™技术许可。此举将促进Above Food向农民、配料加工商和食品制造商开发和交付优良作物品种，从而提高作物生产力，改善营养价值以及配料和食品加工效率，增强功能性，并降低食品供应链的二氧化碳排放量。此外，NRGene 还将向 Above Food 提供具有持久抗根肿病和高蛋白含量的油菜性状和种质、加拿大西部作物品质性状的 DNA 标记以及位于加拿大萨斯卡通的基因组实验室。

NRGene 是一家从事作物和动物新性状、新品种与新技术研究、开发及商业化的农业科技公司，其独特的 AI 基因组技术已经在 300 多个关键作物项目中证实了有效性。交易完成后，NRGene Canada（NRGene 全资子公司）将继续开发用于牲畜饲料的新型幼苗和处理农业废液的昆虫新品种，用作宠物食品和水产养殖市场的替代蛋白来源。

（来源：Agropages）

日本坂田收购荷兰黄瓜种业公司 Sana Seeds

近日，日本坂田（Sakata）宣布收购荷兰专门从事黄瓜育种、生产和销售的公司 Sana Seeds，以提高该公司的黄瓜研发水平，扩大欧洲的黄瓜业务，从而进一步加强其在全球市场的果蔬产品组合。此项收购由 Sakata 的欧洲子公司实施，符合其长期投资创新的战略。

Sana Seeds 是一家能对市场需求做出迅速反应的商业育种公司。收购完成后，Sana Seeds 的育种者将加入 Sakata 的研发团队，并在西班牙阿尔梅里亚研究农场开发新品种；与此同时，Sana Seeds 将获得庞大的销售网络，并在研究、生产和营销设施方面得到充分保障，其研发的产品系列也将在更大范围内得到推广。

（来源：Agropages）

先正达启用首个生物制剂服务中心

10月16日，先正达种子保护（Seedcare）部门宣布在德国美因塔尔（Maintal）的种子保护研究所（The Seedcare Institute）启用首个生物制剂服务中心，以加强其在种子处理领域的领导地位。

该中心配备了最先进的技术，可满足欧盟农民对生物种子处理解决方案日益增长的需求，为客户提供一流的服务和应用支持。中心还提供微生物学专业知识及新生物种子处理技术的应用，包括了解制剂在种子上及与其他活性成分混配的可行性，开展微生物制剂测定以及处理敏感生物制剂的专业能力。此外，中心还将提供增值服务，包括水质和配方兼容性咨询、种子存活率测定、储存、处理和清洁指导，以及生物制品管理的专业培训。

先正达 Seedcare 提供了丰富的生物种子处理解决方案组合，包括用于作物健康生长的 EPIVIO™系列生物刺激剂，提高大豆和豆类作物营养利用效率的 ATUVA™，以及具备固氮作用和改善土壤健康状况的 NUELLO™生物肥料。目前，先正达 Seedcare 在全球运营着 18 家种子保护机构，拥有 120 多名专家。

（来源：先正达官网）

拜耳推出番茄和西葫芦抗病新品种

10 月 16 日，拜耳旗下的圣尼斯（Seminis）蔬菜种子品牌宣布推出 ComandanTY 番茄和 TigerGrey 西葫芦 2 个新品种。作为水果和蔬菜创新解决方案的一部分，拜耳开展了一系列支持更高效、更可持续的食品生产，旨在为农民带来更高的生产效率，以及给消费者带来更多风味和更优质量的果蔬品种。

ComandanTY 番茄是 Seminis 品牌第一款对番茄黄化曲叶病毒（TY 病毒）具有耐受性的蔓生型番茄（indeterminate tomato）。结合虫害防治，该品种可降低农作物粉虱的发病率，具有良好的雨季适应性和高座果率，以及较好的果实品质和耐裂性。TigerGrey 西葫芦是根据每个地区和季节状况，为全年生产开发的，具有出色的果实颜色和均匀性，对白粉病有很强的抗性，对西瓜花叶病毒（WMV）和小西葫芦黄化花叶病毒（ZYMV）也具有中等抗性。

（来源：Agropages）

美国 NAPIGEN 公司获得 TALEN 技术授权

近期，美国非盈利农业生物技术组织 2Blades 宣布与生物技术公司 NAPI-

GEN 达成非独家许可协议，将转录激活因子样（TALEN）技术授权给 NAPIGEN 用于细胞器基因编辑。2Blades 拥有该技术在植物应用上的独家商业使用权。

TALEN 技术是一套基于新型序列特异性 DNA 结合蛋白的可编程的靶向基因组修饰工具，可以快速、轻松地设计 DNA 特异性，从而识别几乎任何序列以及靶向多种类型的 DNA 修饰——从使用 TALENs 编辑到基因表达的上下调节和染色质修饰。自 2009 年发现以来，TAL 编码技术在植物中的应用提高了作物性状的编辑效率和精度。NAPIGEN 计划用该技术和其独有的创新技术对植物线粒体和叶绿体进行基因编辑，以提高作物产量，从而确保粮食安全，同时减少森林砍伐。

（来源：Agropages）

日本坂田收购巴西种子公司 Isla Sementes

10 月 19 日，日本坂田种苗株式会社（SAKATA）旗下的南美全资子公司 SDA 与巴西花卉和蔬菜种子公司 Isla Sementes 达成协议，收购该公司名下所有股份及其控股子公司。收购工作将于 2023 年 12 月之前完成，收购金额为 6 350万巴西雷亚尔（约合 18. 8 亿日元）。收购完成后，Isla Sementes 公司将成为坂田的子公司，Isla 品牌获得保留。

收购前，坂田和 Isla 在销售网络、销售区域、客户群和产品组合方面几乎没有重叠，并且在巴西各自市场都占有很大份额。坂田拥有丰富的品种资源，适合大中型种植者的生产计划；Isla 则专注于为家庭园艺和小农户提供有吸引力的多样化品种。因此，此次收购将会产生协同效应，双方能够利用各自的销售网络获得新客户和需求。预计 5 年内，两家公司的销售额将实现约 1500 万巴西雷亚尔（约 4. 5 亿日元）增长，并通过彼此的供应链优势，有效利用种子生产设施、仓储和研究设施，降低种子生产成本。

（来源：Agropages）

拜耳启动两项新的战略合作

近期，在德国汉诺威国际农机展览会（AgriTechnica）上，拜耳数字农业旗舰平台 FieldView 宣布启动两项新的战略合作。

第一项战略合作是与法国公司 Agrisem 共同改善欧洲农民数据通联和获取的便利性，为农民提供用于数据可视化和实时监控种植效果的尖端工具。双方将把 FieldView 的技术集成到新款 Agrisem 播种机上，农民可以随时随地远程进行详细的数据分析，并把 Agrisem 设备生成的种植地图同步到 FieldView 帐户，从而对农场效率进行深入评估并辅助决策。

另一项战略合作是与德国农业设备制造商 Amazone 共同促进和简化精准农业实践，进一步改善通联性，实现 FieldView 的先进数字工具和 Amazone 的精密机械之间的完美集成和通信，从而更轻松地获得相关农艺参数，为农民提供关于作物和田地更深入和客观的信息。

（来源：efanews. eu）

InnerPlant、约翰迪尔和先正达合作开发抗大豆真菌综合解决方案

近期，美国种子科技公司 InnerPlant、先正达以及农业、建筑和林业设备制造商约翰迪尔（John Deere）宣布将共同开发一种抗大豆真菌的综合解决方案。该方案采用 InnerPlant 和 John Deere 提供的技术，植物可在感染真菌初期发出特定信号，并与 See&Spray 技术提供的优化作物保护处理联系起来。

InnerPlant 的技术可在早期阶段识别出植物病害，其培育的作物在受到病原体攻击（如真菌感染）时会发出特定的光信号。这些信号可以从机器和卫星上监测到，比人眼在现场看到能提前两周。作物信号的数据提供了单个植物层面的早期攻击预警，帮助作物保护专家优化先正达产品的使用，以满足特定需求。约翰迪尔的 See&Spray 技术提供多样化处理方案，并且仅在需要防止真菌对作物造成损害的地方应用。

（来源：Agropages）

印度 Fortune Rice 与 Arya. ag 使用卫星技术管理作物

近期，印度谷物平台 Arya. ag 宣布与大米制造和出口商 Fortune Rice 达成战略合作，进一步提高农作物监测能力。此次合作将利用 Arya. ag 的尖端卫星监测产品，结合 Fortune Rice 在农业领域的专业知识，加强对水稻作物的生长监测。作为合作的一部分，Fortune Rice 将提供2000 英亩受监测农田的详细情况，Arya. ag 负责对作物健康和生长模式进行全面评估，为农民和农企提供基于数据的决策建议。

此次合作的亮点是集成了 Arya. ag 的人工智能和卫星监测解决方案，用户能够访问丰富的数据集、详细的地图和支持简化数据检索的 API。这将有助于对指定地区、村庄和街区进行实时监测和分析，从而更深入地了解作物生长状况，及早发现监测农田的异常情况，并在灌溉、施肥和病虫害防治方面采取必要的积极措施，从而提高作物的管理效率和产量。

（来源：Agropages）

拜耳和微软合作解决农业数据连接问题

11 月 13 日，拜耳在德国汉诺威国际农机展上宣布了与微软进行战略合作的最新进展。通过新的数据连接器，拜耳的数字农业平台 Climate FieldView™ 和原始设备制造商（OEMs）之间，可以通过微软 Azure Data Manager for Agriculture 平台安全、合规地交换农场数据。此外，拜耳还在开发新的 AgPowered 服务，允许与主要 OEMs（Stara，Topcon，Trimble）进行机器数据连接。Azure Data Manager 的企业用户将拥有一个集成的一站式解决方案，可以安全、合规地连接到行业中的关键农机数据源，从而降低技术投资成本。

拜耳的农机解码器由 Leaf Agriculture 提供支持，可以翻译来自多个 OEMs 和平台的机器数据。通过使用多个来源的一致性数据构建解决方案，将有效改善向农民提供解决方案的能力。由 OneSoil 提供支持的拜耳当季作物识别，可提供遥感功能（卫星图像），允许在北美、南美和欧洲对玉米和大豆等主要经济作物以及另外十种作物进行当季检测。这项开创性的服务为整个农业价值链提供了众多有价值的应用，包括碳平台的验证或针对可持续农业实践的政府补贴计划，作物加工公司的产能规划和优化，以及加强保险评估以实现准确的风险管理等。

今年 5 月，微软推出了端到端、统一的分析平台 Microsoft Fabric，帮助整合 AI 驱动解决方案所需的数据和分析工具，如农业领域的大型语言模型应用。微软和拜耳等合作伙伴将继续扩展 Azure Data Manager，增加更多的针对农业的连接器和功能，从而不再受特定数据类型和来源的限制。

（来源：拜耳官网）

先正达推出 4 种抗 ToBRFV 的小型番茄

近期，先正达推出了 4 种抗番茄褐色皱纹果病毒（ToBRFV）的小型番茄品种。这些新品种分别为 Crystelle、Emyelle、Sicybelle 和 Adorelle，其 ToBRFV 抗性采用传统育种技术和数据技术培育，除抗 ToBRFV 外，还能保护植物免受其他病害（如番茄花叶病毒、番茄黄化曲叶病毒、花生根结线虫、南方根结线虫和爪哇根结线虫）的侵害。新品种上市前，经过了实验室、温室和现实环境中的严格测试，适合在主动加温和被动加温温室种植，其果实大小均匀，具有高产潜力，非常符合种植者和消费者的品质和口感需求。

先正达的研究人员将继续致力于将 ToBRFV 抗性转移到更多品种和类型的番茄上。此外，随着病毒的不断进化，他们还将不断研究针对 ToBRFV 的创新解决方案。

（来源：Agropages）

先正达与意大利 CNH 集团合作实现数字应用互联

11 月 13 日，先正达与意大利凯斯纽荷兰工业集团（CNH）宣布将先正达的 Cropwise 数字平台与 CNH 的农业品牌进行整合互联。通过创建可靠和互联的数据源，实现系统间无缝和开放的联通，将满足大量农民的数据需求，帮助他们更好地做出决策，实现更高的生产效率。此外，Cropwise 还与约翰迪尔（John Deere）和 Ag Leader 进行了集成互联，与美国 Farmobile 公司的集成也在计划之中。

过去几年，欧洲各地的农民越来越多地采用数字农业工具，如用于耕作、种植和喷洒的精密机械，使用卫星、无人机和气象站收集田间数据，从而做出更准确的农业决策并优化资源利用。多数情况下，都能以更少的投入获得同等或更高的农产品质量和产量。截至目前，Cropwise 平台及其解决方案遍布 25 个以上国家，在全球拥有 4 万多名用户。Cropwise 已成为农业领域领先的数字平台之一，对近 2.3 亿英亩土地进行数字监控。

（来源：先正达官网）

Iktos 和拜耳宣布使用 AI 设计可持续作物保护解决方案

12 月 14 日，法国从事新药设计的人工智能（AI）公司 Iktos 与拜耳签署合作协议，共同扩大 AI 在发现和研发新的可持续作物保护产品中的应用。拜耳将利用 Iktos 开发的生成式从头（de novo）设计软件 Makya™，根据预定义的配置文件设计新分子，并加速苗头化合物到先导化合物（hit-to-lead）以及先导化合物优化（lead optimization）阶段，进一步优化潜在的候选分子并将其开发为先导化合物。

Makya™基于深度学习生成模型，可在计算机上模拟设计和优化满足多个参数（如功效、选择性、安全性和可持续性）的新分子。该技术基于全面的数据驱动化学结构生成技术，为分子发现过程带来全新的见解和方向。它还允许研究人员在虚拟环境中分析数十亿个分子，从而能够探索比以前更大的新化学空间。这种创新方法已通过药物研发领域的多次合作得到验证，现将首次用于解决作物保护问题，能够快速有效地识别和优化成功和安全的分子。

（来源：lobenewswire. com）

CROP X 收购澳大利亚数字灌溉供应商 Green Brain

近期，以色列数字农业公司 CropX Technologies 宣布收购澳大利亚知名数字灌溉管理解决方案供应商 Green Brain。此次收购将扩大 CropX 在澳大利亚的业务范围，巩固其作为数字精准农业全球领导者的地位。

Green Brain 以技术精湛、熟悉本地市场和出色的客户服务而著称，尤其是在由土壤传感器、气象站和物联网设备提供数据支持的灌溉优化领域享有盛誉。收购后，Green Brain 的客户可以访问 CropX 的农场管理系统。该系统除了优化灌溉系统外，还提供真菌病害、土壤和作物健康、氮淋溶、盐度等方面的信息和建议。澳大利亚的动物养殖业也将受益于 CropX 开发的用于蓄水池和污水灌溉场的独特污水处理系统。

（来源：Agropages）

巴斯夫收购甜瓜育种公司 ASL

近日，巴斯夫完成对甜瓜育种公司 ASL 的收购，将其并入蔬菜种子业务部门，两家公司此前已成功合作 30 多年。法国私营公司 ASL 是全球最具创新力的甜瓜育种公司之一，总部位于阿维尼翁附近。此次收购涵盖了 ASL 的所有资产，包括种子生产、知识产权、种质、研发设施以及员工。借助 ASL 专业的知识和技术，巴斯夫得以继续开发健康美味的甜瓜，不断扩大公司产业链范围并持续巩固市场地位，同时为巴斯夫以 Nunhems®品牌销售的杂交甜瓜种子产品组合创造新的市场机会。通过此次收购，位于阿维尼翁附近的种子生产和育种设施将整合到巴斯夫现有的全球 23 个蔬菜种子育种网络，成为法国首个育种和筛选研发基地。

（来源：Agropages）

科迪华与邦吉合作开发营养豆粕

近日，科迪华和美国农商与食品公司邦吉（Bunge）宣布，开发出了更有营养价值的豆粕，尤其适用于家禽、猪和水产养殖的饲料，为豆农和饲料配料商提供了减少合成添加剂使用、降低成本和减少碳足迹的新选择。通过合作，科迪华利用其在种质、基因编辑和性状发现方面的专业知识，开发高蛋白、氨基酸结构优化、抗营养因子含量更低的大豆品种。早期的田间试验证实，其提高蛋白质含量的方法可显著提高大豆中甲硫氨酸和赖氨酸的比例，并保持较高产量和含油率。下一步，科迪华将对高蛋白和氨基酸优化的大豆品种进行商业化。

（来源：Agropages）

美国TCS和阿根廷GDM合作开发高产大豆品种

3月8日，美国德州作物科学公司（TCS）和阿根廷植物遗传改良公司GDM宣布达成战略合作，旨在通过使用基因编辑和先进的植物育种技术，将TCS高产技术纳入GDM世界领先的大豆遗传学，开发出新的高产大豆品种。TCS在高产技术研发方面已有十多年时间，在北美和南美多个地点开展了历时七年、九个生长季节的70多次田间试验，结果证实可将大豆产量提高34%。

（来源：texascropscience官网）

先正达与Aphea. Bio合作推出首款小麦生物刺激剂

先正达植保公司宣布与比利时Aphea. Bio公司合作推出首款小麦生物刺激剂，可在减少肥料投入的同时提高小麦产量，这种新型农业技术将率先推向欧洲市场。Aphea. Bio的ACTIV是一种安全的生物刺激剂，含有嗜根寡养单胞菌属（Stenotrophomonas rhizophila）的专有菌株，可提高作物的养分利用效率，帮助使用该产品处理的小麦植株更好地生长。即使减少肥料使用，小麦产量也能提高多达5%。

（来源：先正达官网）

转基因作物种子价格上涨速度远超非转基因种子

美国农业部（USDA）经济研究局（ERS）6月出版了《美国农业企业市场集中度及其对竞争的影响》，该报告中的数据显示，1990年至2020年间，农作物种子价格上涨速度明显快于农作物商品价格。在此期间，所有种子的平均价格上涨了270%，而农作物商品价格仅上涨了56%。对于主要使用转基因种子种植的作物（玉米、大豆和棉花），种子价格在1990年至2020年间平均上涨了463%，价格于2014年达到顶峰，比1990年的价格高出639%。尽管转基因种子成本较高，但转基因作物品种帮助农民显著提高了农业生产力，在提高作物产量的同时也降低了部分农业生产成本，例如抗虫转基因性状减少了对杀虫剂的投入，耐除草剂转基因性状减少了用于除草的劳动力、机械和燃料投入。

（来源：Agropages）

拜耳与海利尔深化在农药研发与生产领域的合作

2023年10月18日，拜耳作物科学与海利尔药业集团（简称“海利尔”）签署合作协议，双方宣布建立全面战略伙伴合作关系，将在农药技术开发、创新化合物开发、产品联合登记、农药配方开发、产品委托生产、制剂独家代理等方面展开深入合作，促进国内外资源互补。

拜耳不断扩大和深化与当地创新企业的合作，通过与海利尔的战略合作，将进一步拓展其创新产品线和中端产品线。拜耳建立了“拜耳全球专利化合物与当地第三方合作伙伴联合创新开发”的基本业务模式。未来几年，拜耳将继续推出覆盖范围更广的植保产品和解决方案。

（来源：Agropages）

生物技术年报

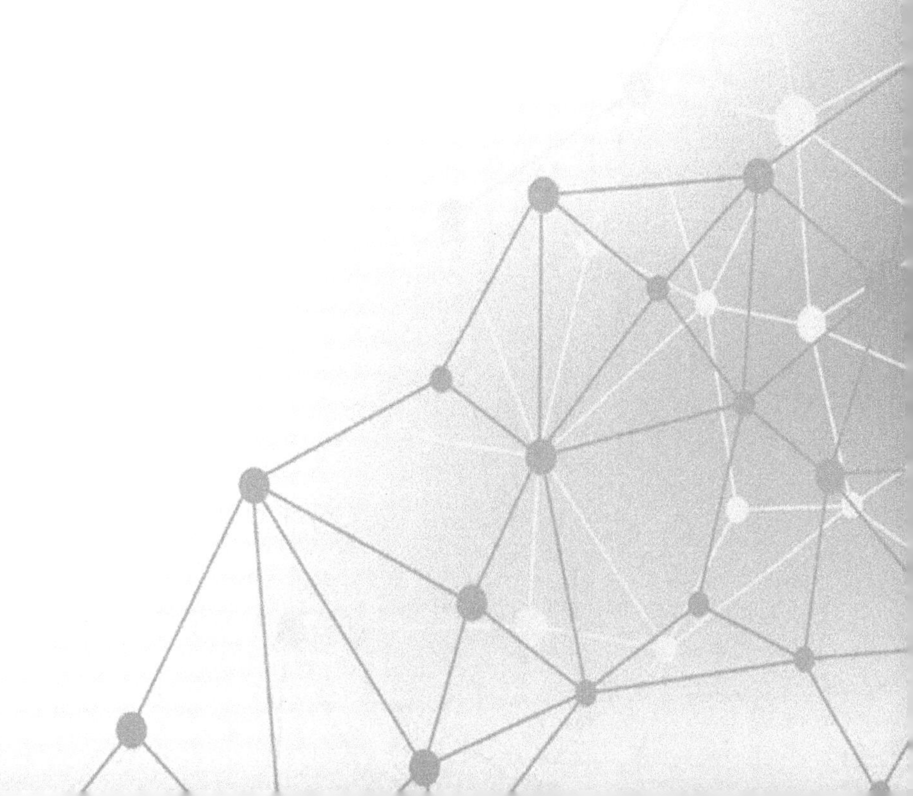

美国农业部发布“巴西2022年农业生物技术年报”

近日，美国农业部海外农业局（USDA FAS）发布了“巴西2022年农业生物技术年报”。报告摘要如下：

截至2022年10月3日，巴西共批准105项转基因事件（玉米55项，棉花23项，大豆18项，甘蔗6项，及其他），仅次于美国。在2022/2023作物季，巴西将有6 500万公顷农田种植转基因作物，大豆和棉花的转基因种植率达99%，玉米的转基因种植率为95%。巴西是转基因大豆、玉米和棉花的主要出口国之一。中国是巴西大豆和棉花最主要的出口目的国。巴西也向欧盟、伊朗、埃及、西班牙、日本和韩国等国出口转基因作物。此外，巴西是传统大豆的出口国，但价格更为昂贵，10%~15%的价格溢价几乎无法弥补额外的生产成本。

（来源：美国农业部）

美国农业部发布“阿根廷2022年农业生物技术年报”

近日，美国农业部海外农业局（USDA FAS）发布了“阿根廷2022年农业生物技术年报”。报告摘要如下：

阿根廷种植转基因大豆、玉米和棉花的面积超过2 600万公顷，是世界上转基因作物种植面积第三大国家。阿根廷2022年转基因大豆的种植率为99%、玉米为99%、棉花为100%。阿根廷主要生产用于饲料和纤维制作的转基因作物，但在2022年5月，阿根廷政府全面批准HB4耐旱转基因小麦（主要用作食品）商业化，成为第一个将转基因小麦商业化的小麦出口国。中国是阿根廷生物技术农产品的主要出口市场。2022年4月，HB4耐旱转基因大豆在中国获得进口批准，为该品种在阿根廷的商业化铺平道路。

（来源：美国农业部）

USDA发布“加拿大2022年农业生物技术年报”

近日，美国农业部海外农业局（USDA FAS）发布了“加拿大2022年农业生物技术年报”。报告介绍，加拿大在2022年种植了约1 130万公顷转基因作物，主要为油菜、大豆和玉米。由于油菜种植面积减少，生物技术作物（即使用转基因、基因组编辑或诱变开发的品种）种植面积比前一年减少约11%。生物技术油菜品种约占全部种植面积的98.5%，其中转基因油菜约占全部油菜种植面积的95%。转基因玉米约占全部玉米种植面积的91%。该报告还探讨了微生物生物技术衍生食品成分在加拿大的使用情况。这些产品代表了一个不断发展的行业，被用作酶、添加剂、调味品、色素和维生素，用来生产奶酪、婴儿配方奶粉、烘焙食品和甜味剂。2022年5月，加拿大卫生部发布了新版《新型食品安全评价指南》，添加了与植物育种相关的内容，为监督管理创新性植物育种所获得的新型食品提供了更清晰的工作思路。

（来源：美国农业部）

2023年墨西哥生物技术发展报告

2023年11月20日，美国农业部外国农业服务局发布了墨西哥年度生物技术发展报告，主要内容如下。

自2018年5月以来，墨西哥政府未批准任何用于食品和饲料的转基因产品申请，自2019年以来未批准任何种植转基因作物的许可证。政府还拒绝或搁置对34个转基因棉花的种植许可申请作出决定，并拒绝了一个转基因苜蓿的申请。2023年2月，新的《玉米法令》生效，立即禁止了将转基因玉米用于“人类消费”，但法令中的“人类消费”仅指用于墨西哥玛莎和玉米饼生产。墨西哥目前的监管环境使得企业较难在墨西哥投资生物技术。

（来源：美国农业部）

2023年西班牙生物技术发展报告

2023年11月20日，美国农业部外国农业服务局发布了西班牙年度生物技术发展报告，主要内容如下：

西班牙是欧盟最大的转基因 Bt 玉米生产国，Bt 玉米种植面积约占欧盟转基因作物总种植面积的 95%，剩余 5%在葡萄牙种植。2023 年，转基因 Bt 玉米在西班牙的种植面积约为 4.5 万公顷。近年，西班牙的玉米种植面积稳定在 35.5 万公顷左右，但 2023/2024 年度，玉米种植面积显著下降。主要原因是灌溉用水不足，不利于玉米种植，更适于种植向日葵等需水量较少的作物。此外，农民越来越多地选择增加传统玉米的种植份额。虽然转基因玉米在整个欧盟被批准可用于食品消费，但大多数食品制造商已经从食品成分中剔除了转基因产品，以避免标注为转基因食品。

进出口方面，西班牙是欧盟最大的饲料原料进口国，是谷物和油籽的净进口国。尽管西班牙是欧盟的 Bt 玉米主要生产国，但其国内谷物产量不足以满足其强劲的出口导向型畜牧业的需求，其自有产量可以完全被国内饲料行业消耗。此外，西班牙还进口大量转基因产品，如大豆及其产品、玉米和玉米加工副产品。主要来源国为巴西、乌克兰和美国。

种子贸易方面，由于欧盟只允许种植转基因玉米 MON810，对美国种子出口西班牙构成贸易壁垒。西班牙从其他欧盟成员国采购玉米种子，2022 年 99%以上的玉米种子进口来自于法国。

（来源：美国农业部）

2023 年意大利生物技术发展报告

2023 年 11 月 20 日，美国农业部外国农业服务局发布了意大利年度生物技术发展报告，主要内容如下：

农业约占意大利国内生产总值的 2.2%。意大利本国谷物产量无法满足国内对饲料投入的需求，约 85%的饲料（大豆和豆粕）依靠进口。主要来源国为巴西、加拿大、美国和乌克兰。目前，意大利没有正在开发的转基因作物，对转基因产品的公共和私人研究经费已经逐渐削减到零。2023 年 6 月 13 日，意大利批准了用于实验和科学目的的创新生物技术田间试验，有效期至 2024 年年底。意大利专注于基因组选择研究，以改善动物育种。转基因动物和克隆动物主要用于医疗或制药。

意大利商业化生产源自微生物生物技术食品原料。意大利公司致力于开发各种细菌、酵母、真菌和酶，用于食品、饮料、制药、生物工业和兽医领域。

（来源：美国农业部）

2023年澳大利亚生物技术发展报告

近日，美国农业部外国农业服务局发布了澳大利亚2023年度生物技术发展报告，主要内容如下。

澳大利亚联邦政府支持生物技术，并承诺为相关的研究和开发提供大量长期资金。澳大利亚生产力委员会（Australian Productivity Commission）最近完成了一项对农业企业监管负担的调查，重点关注对澳大利亚农业竞争力和生产力有重大影响的法规，包括转基因产品法规的影响。目前，联邦政府批准的转基因作物可以在除塔斯马尼亚州和澳大利亚首都地区以外的各州种植。

技术研发方面，英联邦科学和工业研究组织（CSIRO）目前正在农业、生物安全和环境科学领域开展一系列技术研究，如培育具有增值性状的小麦品种、提高水产养殖生产效率、抗病毒植物、非褐变马铃薯、高消化率的动物饲料和强化生物燃料。

商业生产方面，目前基因技术监管机构（OGTR）批准可以进行商业化生产的转基因作物包括棉花、加拿大油菜、红花、印度芥菜和康乃馨。

出口方面，澳大利亚出口的棉花均为转基因棉花，但澳大利亚不向美国出口棉花。澳大利亚是油菜的主要出口国，部分为转基因品种。

（来源：美国农业部）

2023年日本生物技术发展报告

近日，美国农业部外国农业服务局发布了日本2023年度生物技术发展报告，主要内容如下。

日本是生物技术作物的主要进口国和消费国，国内的农作物产量极其有限。

技术研发方面：日本已经研究和开发了多个作物新品种，公共研究机构和学术界发表了相关产品的研究结果，如肥料较少的高产水稻、耐受环境胁迫的水稻、抗穗发芽的小麦和无花粉日本雪松（用于对抗花粉病）。大学和公共研究机构进行了许多与食品和农业有关的有限的动物生物技术研究。截至2023年9月，日本已批准转基因蚕用于商业用途；Regional Fish公司向MHLW（厚生劳动省）通报了两种基因组编辑动物食品（可食用骨骼肌增加的鲷鱼和可快速生长的河豚）。

商业生产方面：尽管日本政府批准种植151种转基因农产品，但日本没有转基因食品或饲料产品的商业生产。目前，除了转基因蚕有限地用于生产增值蚕丝和蛋白质外，没有用于农业生产的转基因动物或克隆动物的商业生产。

进出口方面：日本没有出口转基因农产品。但日本几乎100%的玉米和95%以上的油籽源自进口。美国是日本转基因产品（主要是谷物和油籽）的最大供应国，其他主要供应国包括加拿大、巴西和阿根廷。在2022年，日本进口了1 500万吨玉米、350万吨大豆和210万吨油菜。除此之外，日本还进口了数十亿美元的加工食品，这些食品含有转基因衍生的油、糖、酵母、酶和添加剂。

监管方面：尽管日本政府广泛批准种植转基因农作物，但日本农民没有种植任何转基因食品或饲料作物。截至2023年9月，日本政府已批准200种可环境释放的生物技术产品，包括151种获批在国内种植。日本监管机构已经建立了基因编辑食品和农产品的处理程序。日本公司开发的三种基因组编辑产品已经完成了必要的咨询和通知程序，正在国内市场生产和销售。

（来源：美国农业部）

2023年荷兰生物技术发展报告

近日，美国农业部外国农业服务局发布了荷兰2023年度生物技术发展报告，主要内容如下。

荷兰是农作物种业强国。荷兰植物育种公司一直专注于生物技术创新。

技术研发方面：鉴于开发和批准转基因作物的法规非常严格，荷兰未来五年内没有转基因作物的商业化计划。自 2015 年，荷兰没有颁发过转基因植物种植许可证。由于转基因作物在欧盟范围内商业化潜力有限，转基因技术主要用于基因功能分析或功能测试。

商业生产方面：荷兰未来五年市场上也没有转基因或克隆动物商业化计划。动物生物技术的应用重点在于减少温室气体排放（奶牛）和提高抗逆性（例如，对潮湿条件的抗逆性）、抗病性，以及逐步取消动物实验室试验。表型和基因分型被认为是主要工具。基因编辑的研究主要集中在记录用于选择目的的遗传特性和开发、改进遗传选择方法。

进出口方面：荷兰不生产也不出口国产转基因作物或产品。但由于畜牧业的发展需求，荷兰是世界上最大的大豆和豆粕进口国之一。大豆及其衍生物进口自美国和巴西，豆粕从巴西和阿根廷进口。这些货物中的转基因份额没有登记，但估计超过 85%。

政策监管方面：2023 年 2 月，基础设施和水管理部（VROM）向荷兰议会提交了《生物技术的安全性》报告。该报告建议改进荷兰对创新生物技术进行有限研究的法规，建议取消或放宽对特定品种组的要求。2023 年 6 月，VROM 向议会通报了荷兰就创新生物技术对人类和环境安全性进行的研究结果。研究了基因编辑在工业真菌生长和马铃薯育种中的广泛应用。2023 年 7 月，欧盟委员会（EC）通过了一项新提案，计划对通过某些“新基因组技术（NGTs）”获得的植物及其在食品和饲料中的用途进行监管。

（来源：美国农业部）

2023 年德国生物技术发展报告

近日，美国农业部外国农业服务局发布了德国 2023 年度生物技术发展报告，主要内容如下。

德国经济高度发达，是欧盟最大的经济体，人口最多。它对欧盟内部和全球的农业政策都具有影响力。

技术研发方面：德国没有商业化的转基因作物，也没有标有“转基因生物”的食品。但是，德国大约有 130 家公司从事农业和园艺作物的育种和营销，也是世界级公司的所在地，包括拜耳、巴斯夫和 KWS 等国际种子公司的总部均坐落在德国，这些公司从欧盟以外的工厂面向全球开发和供应转基因种子。市场上的其他主要国际参与者 Corteva 和先正达在德国也有很强的影响力。这些国际公司是欧洲以外市场转基因和传统方法培育种子的主要供应商。目前，部分公司将转基因作物的研发业务转移到了欧盟以外的地方，如美国，并将生产基地从欧洲转移到美国和其他国家，如巴西、阿根廷、南非、印度、中国和日本。

进口方面：作为全球主要的牲畜生产国，德国依赖进口转基因大豆作为饲料蛋白质来源，每年进口近 600 万吨大豆和豆粕作为动物饲料。2022 年，德国进口了 580 多万吨大豆和豆粕，几乎全部来自转基因品种。2022 年大豆进口总量为 340 万吨。据估计，其中一半以上是直接或通过荷兰从美国进口。到 2022 年，美国对德国的大豆销售总额将超过 12 亿美元。这使得大豆成为美国对德国出口最多的农产品。除了大豆，德国还在 2022 年进口了近 240 万吨豆粕，主要来源国为阿根廷和巴西。

（来源：美国农业部）